越野车辆变速比限滑差速技术

贾巨民　许爱芬　著

U0199874

科学出版社

北　京

内 容 简 介

本书以某型越野车辆为工程背景，详细介绍了变速比限滑差速器的原理、结构、设计、加工和试验等方面的内容。全书共 5 章，第 1 章主要阐述典型限滑差速器的结构特点；第 2 章主要阐述变速比限滑差速器的传动原理；第 3 章主要对关键部件进行设计及强度分析；第 4 章主要介绍变速比限滑差速器的加工工艺及检测技术；第 5 章主要对研究内容进行总结和展望。

本书可作为高等学校机械工程和车辆工程专业研究生的专业课教材及本科生的教辅，也可供机械设计、车辆工程行业的科研人员使用。

图书在版编目（CIP）数据

越野车辆变速比限滑差速技术 / 贾巨民，许爱芬著. —北京：科学出版社，2019.3
 ISBN 978-7-03-060224-4

Ⅰ. ①越⋯ Ⅱ. ①贾⋯ ②许⋯ Ⅲ. ①越野车辆-防滑差速器-研究 Ⅳ. ①TJ812 ②TH237

中国版本图书馆 CIP 数据核字（2018）第 292126 号

责任编辑：裴 育 朱英彪 纪四稳 / 责任校对：张小霞
责任印制：吴兆东 / 封面设计：蓝 正

科 学 出 版 社 出版

北京东黄城根北街 16 号
邮政编码：100717
http://www.sciencep.com

北京九州迅驰传媒文化有限公司 印刷
科学出版社发行 各地新华书店经销

*

2019 年 3 月第 一 版 开本：720×1000 B5
2019 年 3 月第一次印刷 印张：9 1/4
字数：184 000

定价：**85.00 元**
（如有印装质量问题，我社负责调换）

前　　言

　　越野车辆要经常在泥泞、松软路面甚至无路地区行驶，通过性是其最重要的性能指标之一。差速器作为汽车传动系统的重要部件，其作用是在两输出轴间分配转矩，并保证两输出轴以不同的角速度转动，其形式和性能直接关系到整车的通过性。

　　齿轮是差速器的核心部件，普通齿轮副的传动比为定值，动力由差速器壳体输入，经齿轮传动通过两半轴输出，因为左右齿轮传动完全对称，所以其输出扭矩也基本一致。对于轮间差速器(装在驱动桥中)，当左右车轮与地面附着系数不同时，如一侧车轮处在良好路面、另一侧车轮处在恶劣路面，驱动桥获得的驱动力大致是较差路面提供的附着力的两倍，而无法充分利用另一侧车轮所在良好路面的附着力。轴间差速器(一般装在分动器中)也存在类似问题，即如果前后轴车轮所处路面不同，整车就无法充分利用良好路面的附着力。

　　变速比差速器则能解决上述问题，其核心就是采用变速比齿轮传动代替定速比齿轮传动。对于轮间差速器，就是采用变速比非圆锥齿轮传动代替定速比圆锥齿轮传动，其传动比规律按要求设计，当一侧车轮打滑而使左右半轴齿轮出现转速差时，由差速器壳体传入的扭矩不再向两输出轴平均分配，而是按照传动比变化规律等比例变化，从而可以充分利用良好路面的附着力，进而提高车辆的通过能力。对于轴间差速器，也采用类似原理。

　　本书作者在多年研究的基础上提出了基于保测地曲率映射的非圆锥齿轮设计方法，该方法已被国内外相关学者广泛接受和引用。基于该方法研制的变速比限滑差速器现已实现了系列化和产业化。

　　本书内容相关的研究工作得到国家自然科学基金(50875260)和天津市自然科学基金(12JCZDJC34600)资助，高波、索文莉、张学玲、张淼、田广才、路学成和徐柳等参与了课题的研究，在此一并致谢。

　　由于有些理论和技术还不太成熟，仍处于探索与发展之中，书中难免存在不足之处，恳切希望读者批评指正。

目　　录

前言
第1章　差速器 ………………………………………………………… 1
　1.1　差速器的功用与分类 ………………………………………… 1
　　1.1.1　差速器的功用 ………………………………………… 1
　　1.1.2　差速器的分类 ………………………………………… 2
　1.2　差速器的结构型式及性能参数 ……………………………… 2
　　1.2.1　差速器的结构型式 …………………………………… 2
　　1.2.2　差速器的锁紧系数与转矩分配系数 ………………… 3
　　1.2.3　差速器的效率与传动效率 …………………………… 4
　1.3　对称式圆锥行星齿轮差速器 ………………………………… 7
　　1.3.1　结构分析 ……………………………………………… 7
　　1.3.2　工作原理 ……………………………………………… 8
　1.4　限滑差速器 …………………………………………………… 11
　　1.4.1　主动控制式限滑差速器 ……………………………… 11
　　1.4.2　被动控制式限滑差速器 ……………………………… 14
第2章　变速比限滑差速器啮合原理 …………………………………… 47
　2.1　变速比限滑差速器的限滑原理 ……………………………… 47
　　2.1.1　结构分析 ……………………………………………… 47
　　2.1.2　工作原理分析 ………………………………………… 49
　　2.1.3　传动比函数及锁紧系数 ……………………………… 49
　2.2　直齿非圆锥齿轮限滑差速器 ………………………………… 51
　　2.2.1　传动原理 ……………………………………………… 53
　　2.2.2　当量齿轮节曲线生成原理 …………………………… 54
　　2.2.3　齿形生成原理 ………………………………………… 57
　　2.2.4　球面欧拉-萨瓦里方程 ……………………………… 60
　2.3　螺旋非圆锥齿轮限滑差速器 ………………………………… 64
　　2.3.1　工作原理 ……………………………………………… 64

　　　2.3.2 行星齿轮齿形设计 ·· 65

　　　2.3.3 行星齿轮齿面节线生成原理 ·································· 69

　　　2.3.4 半轴齿轮齿形生成原理 ·· 73

　2.4 非圆面齿轮限滑差速器 ·· 76

　　　2.4.1 传动原理及传动比函数模型 ································ 76

　　　2.4.2 齿轮副节曲线生成原理 ·· 79

　　　2.4.3 齿轮副齿面生成原理 ·· 85

　2.5 非圆柱行星齿轮限滑差速器 ·· 92

　　　2.5.1 啮合原理 ·· 93

　　　2.5.2 节曲线线型 ·· 94

　　　2.5.3 双联非圆柱行星齿轮 ·· 99

第3章 非圆锥齿轮副产品设计及强度分析 ····························· 103

　3.1 9-12 型非圆锥齿轮副 ·· 103

　　　3.1.1 9-12 型非圆锥齿轮副设计参数及模型 ················ 103

　　　3.1.2 9-12 型非圆锥齿轮副强度分析 ························· 106

　3.2 6-8 型非圆锥齿轮副 ·· 106

　　　3.2.1 6-8 型非圆锥齿轮副设计参数及模型 ················· 106

　　　3.2.2 6-8 型非圆锥齿轮副强度分析 ··························· 108

　3.3 9-9 型非圆锥齿轮副 ·· 109

　　　3.3.1 9-9 型非圆锥齿轮副设计参数及模型 ················· 109

　　　3.3.2 9-9 型非圆锥齿轮副强度分析 ··························· 112

　3.4 9-18 型非圆锥齿轮副 ·· 113

　　　3.4.1 9-18 型非圆锥齿轮副设计参数及模型 ················ 113

　　　3.4.2 9-18 型非圆锥齿轮副强度分析 ························· 116

　3.5 7-14 型非圆锥齿轮副 ·· 117

　　　3.5.1 7-14 型非圆锥齿轮副设计参数及模型 ················ 117

　　　3.5.2 7-14 型非圆锥齿轮副强度分析 ························· 118

　3.6 9-18 型螺旋非圆锥齿轮副 ·· 119

　　　3.6.1 9-18 型螺旋非圆锥齿轮副设计参数及模型 ········· 119

　　　3.6.2 9-18 型螺旋非圆锥齿轮副强度分析 ·················· 121

　3.7 9-12 型非圆面齿轮副 ·· 121

　　　3.7.1 9-12 型非圆面齿轮副设计参数及模型 ··············· 121

　　　3.7.2 9-12 型非圆面齿轮副强度分析 ························· 122

第 4 章　试制与试验 ·· 123

　4.1　加工与检测技术 ·· 123

　　　4.1.1　加工原理 ·· 125

　　　4.1.2　数据处理 ·· 126

　　　4.1.3　试验结果与分析 ···································· 128

　4.2　性能试验 ·· 131

　　　4.2.1　台架试验 ·· 131

　　　4.2.2　实际装车试验 ······································ 132

　　　4.2.3　试验结果及分析 ···································· 133

第 5 章　总结与展望 ·· 134

　5.1　总结 ·· 134

　5.2　展望 ·· 135

参考文献 ·· 137

第1章 差 速 器

差速器是能使同一驱动桥的左右车轮或两驱动桥之间以不同角速度旋转，并传递转矩的机构。起轮间差速作用的称为轮间差速器，起桥间差速作用的称为桥间(轴间)差速器。本书主要以轮间差速器为对象进行介绍。

1.1 差速器的功用与分类

1.1.1 差速器的功用

车辆行驶过程中，车轮与路面之间的相对运动有滚动和滑动两种状态，其中滑动又分滑转和滑移两种情况。设车轮中心在车轮平面内相对路面移动的速度为 v，车轮旋转角速度为 ω，车轮滚动半径为 r_r。若 $v = \omega r_r$，则车轮对路面的运动为纯滚动；若 $v = 0$，但 $\omega \neq 0$，则车轮的运动为滑转；若 $\omega = 0$，但 $v \neq 0$，则车轮的运动为滑移。

车辆转弯行驶时，内外两侧车轮中心在同一时间内驶过的曲线距离不相等，外侧车轮驶过的距离比内侧车轮驶过的距离要大，如图 1-1 所示。若两侧车轮用一根刚性转轴连接，两侧车轮只能以等角速度转动，那么结果必然是外侧车轮边滚动边发生滑移，内侧车轮边滚动边发生滑转。

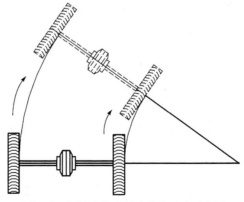

图 1-1　车辆转向时驱动轮的运动示意图

车辆在不平路面上直线行驶时，两侧车轮实际滚过的曲线距离也不相等。在角速度相等的情况下，在波形较显著的路面上运动的一侧车轮是边滚动边滑移，另一侧车轮则是边滚动边滑转。即使路面非常平直，由于轮胎制造的尺寸误差、磨损程度、充气压力及承受载荷的不同，各车轮的实际滚动半径也不可能完全相等。因此，只要各车轮圆周速度不同，车轮对路面的滑动就必然存在。车轮对路面的滑动会使轮胎磨损加剧、车辆的动力消耗和发动机的油耗增加，转向困难及制动性能下降等。

装备了差速器的车辆，其两侧车轮的驱动轴被断开分成两个半轴，两侧的驱动轮能以不同的角速度旋转，以保证其纯滚动状态。因此，差速器的功用主要如下：

(1) 将主减速器的动力传给左右两半轴。

(2) 必要时使两半轴以不同的转速旋转，保证两驱动轮均能纯滚动。

1.1.2 差速器的分类

1. 按用途分类

差速器按用途可以分为轮间差速器和轴间差速器。轮间差速器安装在同一驱动桥两侧的驱动轮之间，轴间差速器安装在多轴驱动的各个驱动桥之间。

2. 按工作特性分类

差速器按工作特性可以分为普通差速器和限滑差速器。当遇到左右或前后驱动轮与路面之间的附着条件相差较大的工况时，普通差速器将无法保证车辆得到足够的驱动力。此时，附着较差的驱动轮高速滑转，车辆不能前行。因此，经常遇到这种工况的车辆应当采用限滑差速器。

3. 按传动齿轮的型式分类

差速器按传动齿轮的型式不同分为圆柱齿轮式差速器、圆锥齿轮式差速器、非圆锥齿轮式差速器、螺旋锥齿轮式差速器和非圆面齿轮式差速器等。

1.2 差速器的结构型式及性能参数

1.2.1 差速器的结构型式

差速器是驱动桥的重要组成部分，在设计中选择差速器的结构型式时，应先从所设计的汽车类型及其使用条件出发，使所选型式的差速器能满足该型汽车在给定条件下的使用性能。差速器的结构型式有多种，如图1-2所示。

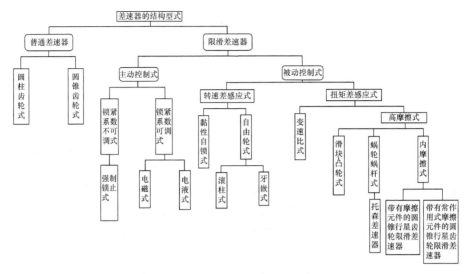

图 1-2 差速器的结构型式分类

1.2.2 差速器的锁紧系数与转矩分配系数

1. 锁紧系数

差速器的锁紧系数常用如下两种方式表示。

(1) 用系数

$$K = \frac{T_2}{T_1} \tag{1-1}$$

表示两侧驱动车轮的转矩可能相差的最大倍数，因为它也说明了迫使差速器工作所需的转矩大小，即差速器"锁紧"的程度，因此称为差速器的锁紧系数。式中，T_2 为旋转较慢的半轴车轮上的转矩；T_1 为旋转较快的半轴车轮上的转矩。因 $T_2 > T_1$，故锁紧系数 $K > 1$。

(2) 将差速器的锁紧系数定义为

$$K' = \frac{T_2 - T_1}{T_2 + T_1} = \frac{T_2 - T_1}{T_0} = \frac{T_f}{T_0} \tag{1-2}$$

式中，T_0 为差速器壳上的转矩；T_f 为差速器元件在相对运动时产生的折合到半轴上的内摩擦转矩；T_1、T_2 的含义同式(1-1)。显然，K' 是一个小于 1 的数。

2. 转矩分配系数

转矩分配系数是表示差速器转矩分配特性的参数，定义为

$$\xi = \frac{T_2}{T_0} \tag{1-3}$$

由于慢转一侧的半轴齿轮上的转矩 T_2 小于差速器壳上的转矩 T_0，所以 $\xi < 1$。

3. 系数 K 和 ξ 对汽车性能的影响

系数 K 和 ξ 主要取决于差速器的结构型式，对汽车性能有直接影响。在汽车设计中，通常根据汽车的类型、性能要求及使用条件等来选择差速器的锁紧系数 K。从汽车的通过性要求来看，一般希望锁紧系数 K 越大越好。但从转向操纵的灵活性、行驶的稳定性、延长有关传动零件的使用寿命和减小轮胎磨损等方面考虑，锁紧系数 K 的值又不宜过大。

普通的圆锥行星齿轮差速器的锁紧系数 $K = 1.1 \sim 1.5$，转矩分配系数 $\xi = 0.55 \sim 0.6$，故可近似地认为它是将转矩平均分配给左、右驱动车轮。这样的分配比例对在良好路面上行驶的汽车来说是适当的，但当汽车越野行驶或在泥泞、冰雪路上行驶，且一侧驱动车轮与地面的附着系数很小时，即使另一侧驱动车轮与路面有良好的附着性，其驱动转矩也不得不随附着系数小的一侧车轮的转矩同样地减小，使汽车无法发挥出附着良好驱动车轮的潜在牵引力，甚至有陷车而不能前进的危险。

当驱动桥装有高摩擦式限滑差速器时，由于此类差速器具有大的 K 值和 ξ 值，能使与地面附着良好的驱动车轮比附着不良的驱动车轮有更大的驱动转矩，所以通过性就会好些。

有时锁紧系数过大，如采用差速锁装置将左、右半轴连成一体，会使锁紧系数 K 增至 ∞，这时，几乎全部转矩都会传到一个半轴上而使其过载，但在一般情况下，其载荷不应超过该侧驱动车轮与地面的最大附着力。

在差速器的选型和设计中，如果希望有大的锁紧系数 K 和大的转矩分配系数 ξ 以提高汽车的通过性，同时又希望改善汽车的转向操纵灵活性和行驶稳定性、延长有关传动零件及轮胎的寿命等，则它们之间的矛盾应根据汽车的类型及使用条件等予以综合考虑、解决。

1.2.3　差速器的效率与传动效率

1. 差速器的效率

差速器的效率 η_D 是指差速器壳不转（$\omega_0 = 0$），由一个半轴驱动另一个半轴时的输出功率与输入功率之比，即

$$\eta_{\mathrm{D}} = \frac{T_1 \omega_1}{T_2 \omega_2}$$

由于此时两半轴的转速相等，即 $\omega_1 = \omega_2$，所以有

$$\eta_{\mathrm{D}} = \frac{T_1}{T_2} = \frac{1}{K} \tag{1-4}$$

即差速器的效率 η_{D} 为其锁紧系数的倒数。η_{D} 为 0.1(某些蜗轮式差速器)～0.9(普通的圆锥行星齿轮差速器)。

差速器的内摩擦力矩越大，其锁紧系数就越大，这使得差速器的效率 η_{D} 越低，越有利于两侧驱动车轮转矩的重新分配，也越有利于提高汽车的通过性。差速器的效率低表明有大的内摩擦损失，但仅在左、右车轮有显著的转速差时才发生，一般情况下这种转速差不大，因此差速器的摩擦损失功率也不显著。当左、右驱动车轮转速相等时，差速器的摩擦损失功率为零。当汽车以最小转弯半径转向时，差速器的摩擦损失功率达到最大值。

2. 差速器的传动效率

差速器的传动效率 η_{DT} 是指动力经差速器壳传给左、右半轴的效率，即

$$\eta_{\mathrm{DT}} = \frac{T_1 \omega_1 + T_2 \omega_2}{T_0 \omega_0} \tag{1-5}$$

图 1-3 为汽车转弯时后驱动桥的运动学简图。图中，ω_1 为外侧车轮的转速，ω_2 为内侧车轮的转速，ω_0 为差速器壳的转速，B 为轮距，R 为后驱动桥中间一点的转弯半径，$\Delta\omega$ 为驱动车轮或半轴与差速器壳的转速差。

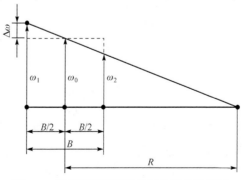

图 1-3　汽车转弯时后驱动桥的运动学简图

由图 1-3 可知

$$\frac{\Delta\omega}{B/2} = \frac{\omega_0}{R}$$

由此可得

$$\Delta\omega = \frac{B\omega_0}{2R}$$

而

$$T_1\omega_1 = T_1(\omega_0 + \Delta\omega)$$

$$T_2\omega_2 = \frac{T_1}{\eta_D}\omega_2 = \frac{T_1}{\eta_D}(\omega_0 - \Delta\omega)$$

$$T_0\omega_0 = (T_1 + T_2)\omega_0 = \left(T_1 + \frac{T_1}{\eta_D}\right)\omega_0 = T_1\omega_0\left(1 + \frac{1}{\eta_D}\right)$$

将其代入式(1-5)，可得

$$\eta_{DT} = \frac{T_1\omega_1 + T_2\omega_2}{T_0\omega_0}$$

$$= \frac{T_1(\omega_0 + \Delta\omega) + \dfrac{T_1}{\eta_D}(\omega_0 - \Delta\omega)}{T_1\omega_0\left(1 + \dfrac{1}{\eta_D}\right)}$$

$$= 1 + \frac{\Delta\omega(\eta_D - 1)}{\omega_0(\eta_D + 1)}$$

$$= 1 + \frac{\dfrac{B\omega_0}{2R}(\eta_D - 1)}{\omega_0(\eta_D + 1)}$$

整理后可得差速器的传动效率的表达式为

$$\eta_{DT} = 1 - \frac{B}{2R} \times \frac{1 - \eta_D}{1 + \eta_D} \tag{1-6}$$

由式(1-6)可知，差速器的传动效率 η_{DT} 区别于差速器的效率 η_D，后者仅与差速器的结构有关，而前者还与汽车后驱动桥中间点的转弯半径 R 及轮距 B 有关，并随 R 的变化而改变；即使差速器的效率 η_D 很低，差速器的传动效率 η_{DT} 仍然会得到较高的数值。这就是有些高摩擦式限滑差速器的效率 η_D 虽然很低但仍然被采用的原因。

1.3 对称式圆锥行星齿轮差速器

1.3.1 结构分析

目前，车辆上广泛采用的是对称式圆锥行星齿轮差速器，其零件分解图如图 1-4 所示。

图 1-4 对称式圆锥行星齿轮差速器零件分解图

1-调整螺母；2-轴承盖；3-轴承；4-差速器左半壳；5-从动锥齿轮；6-十字轴；
7-半轴齿轮；8,11-推力垫片；9-差速器右半壳；10-行星齿轮；12-主动锥齿轮

该对称式圆锥行星齿轮差速器由 4 个圆锥行星齿轮、行星齿轮轴(十字轴)、2 个圆锥半轴齿轮和差速器壳组成。差速器左半壳用螺栓(或铆钉)与主减速器从动齿轮相连接，与差速器右半壳用螺栓相连接。装配时，行星齿轮轴的 4 个轴颈装在差速器左右半壳形成的孔中，差速器的剖分面通过行星齿轮轴各轴颈的中心线。4 个圆锥行星齿轮分别浮装在 4 个轴颈上，它们均与两个半轴圆锥齿轮啮合。左右半轴齿轮通过内花键与左右半轴相连。

动力自主减速器从动齿轮依次经差速器壳、十字轴、行星齿轮、半轴齿轮及半轴输出给左右驱动车轮。

行星齿轮的背面大多做成球面与差速器壳的内球面配合，保证行星齿轮具有良好的对中性，以利于和两个半轴齿轮正确地啮合。

由于行星齿轮和半轴齿轮是通过锥齿轮传动，在传递扭矩时，沿行星齿轮和半轴齿轮的轴线作用着很大的轴向力，同时齿轮和差速器壳之间又有相对运动。为了减少齿轮和差速器壳的磨损，在半轴齿轮背面与差速器壳相应的摩擦面之间装有平垫片，在行星齿轮和差速器壳之间装有球面垫片。车辆行驶一定的里程后垫片磨损，此时可以通过更换垫片来调整齿轮的啮合间隙，以延长差速器的使用寿命。垫片材料通常为软钢、青铜、尼龙或聚甲醛塑料等。

在小型车辆上，由于扭矩不太大，十字形的行星齿轮轴通常改为一字轴，行星齿轮也由 4 个改为 2 个。差速器壳可以做成两边开孔的整体式，其前后两侧都开有大窗孔，以便于拆装行星齿轮和半轴齿轮。

1.3.2　工作原理

1. 差速原理

普通圆锥行星齿轮差速器的工作原理如图 1-5 所示。图中，ω_0 为主减速器从动齿轮的转速，即差速器壳的转速；ω_1、ω_2 分别为左、右驱动车轮的转速，即差速器左、右半轴齿轮的转速。

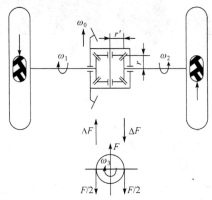

图 1-5　普通圆锥行星齿轮差速器的工作原理简图

(1) 汽车在平坦路面上直线行驶。此时差速器的行星齿轮与半轴齿轮之间不产生相对运动，行星齿轮在行星齿轮轴带动下，仅有绕半轴中心线的公转，而无自转运动。因此，左、右驱动车轮的转速 ω_1、ω_2 相等，且等于差速器壳的转速 ω_0，即 $\omega_1 = \omega_2 = \omega_0$，此时差速器不起差速作用。

(2) 汽车转弯行驶。假如在左、右驱动车轮之间无差速器，或者差速器被完全锁住，则根据运动学要求可知，行程长的外侧车轮将伴随有滑移，而行程短的内侧车轮将伴随有滑转，由此导致在左、右驱动车轮的切线方向上各产生一附加阻力，且它们的作用方向相反，如图 1-5 所示。这时，若左、右驱动车轮之间装有差速器，则附加阻力所形成的力矩使差速器起差速作用，以免内、外侧驱动车轮在地面上产生滑移和滑转，保证它们以符合运动学要求的不同转速 ω_1、ω_2 正常转动。显然，当差速器工作时，若其中各零件相对运动的摩擦力大，则使其扭动的力矩就大。在普通对称式圆锥行星齿轮差速器中这种摩擦力很小，故左、右车轮所走的路程稍有差异，差速器便开始工作。

当差速器工作时，行星齿轮不仅有绕半轴齿轮中心的公转，还有绕行星齿轮轴的自转。如果行星齿轮的自转转速为 ω_3，且由其背面看去为顺时针方向 (图 1-5)，则外侧车轮及其半轴齿轮的转速将增高，且增高量为 $\omega_3 z_3 / z_1$ (z_3 为行星齿轮的齿数，z_1 为该侧半轴齿轮的齿数)，这时外侧半轴齿轮的转速为

$$\omega_1 = \omega_0 + \omega_3 \frac{z_3}{z_1}$$

在同一时间内，内侧车轮及其半轴齿轮(齿数为 z_2)的转速将降低，且降低量为 $\omega_3 z_3 / z_2$，但由于是对称式圆锥行星齿轮差速器，两侧半轴齿轮的齿数 z_1、z_2 相等，于是内侧半轴齿轮的转速为

$$\omega_2 = \omega_0 - \omega_3 \frac{z_3}{z_1}$$

将以上两式相加可得差速器工作时的转速关系为

$$\omega_1 + \omega_2 = 2\omega_0 \tag{1-7}$$

即两半轴齿轮的转速和(若无轮边减速器时也是左、右驱动车轮的转速和)为差速器壳转速的 2 倍。

由式(1-7)可知，①当 $\omega_2 = 0$ 时，$\omega_1 = 2\omega_0$；②当 $\omega_1 = 0$ 时，$\omega_2 = 2\omega_0$。即若半轴齿轮或驱动车轮中有一个停止不动，则另一侧的转速将为差速器壳转速的 2 倍。此时，差速器就成为传动比为 2 的行星齿轮传动机构。

若差速器壳不动，即 $\omega_0 = 0$，则 $\omega_1 = -\omega_2$，这时差速器成为传动比为 1 的齿轮传动，使左、右半轴齿轮或左、右驱动车轮的转速相等而方向相反。这种情况发生在使用中央制动器进行紧急制动时，如果左、右驱动车轮与路面的附着系数不同，特别是在有较大差异的情况下，左、右驱动车轮突然以不同的方向转动，导致汽车急转和甩尾。

2. 扭矩分配特性

在上述两种工况下，差速器的工作状态是不同的，同时，左右半轴所分配的转矩也有差别，具体分析如下：

(1) 汽车在平坦路面上直线行驶。在图 1-5 中，以 F 表示行星齿轮轴对行星齿轮的作用力，由于行星齿轮在公转过程中其轮齿推动左、右半轴齿轮的轮齿并使它们一起绕半轴中心线旋转，则左、右半轴齿轮给行星齿轮以 $F/2$ 的反作用力。对于对称式圆锥行星齿轮差速器，两半轴齿轮的节圆半径 r 相同，故传给左、右半轴的转矩也相等，均等于 $Fr/2$。因此，汽车

在平坦路面上直线行驶时，传给左、右驱动车轮的转矩是相等的。

(2) 汽车转弯行驶。汽车转弯时行星齿轮绕其轴转动，显然存在一个使其转动的力矩，设为 $2\Delta Fr'$ (r' 为行星齿轮的节圆半径)。由图 1-5 可见，汽车转弯时，在转得较慢一侧即内侧的半轴齿轮上，ΔF 与 $F/2$ 的方向相同，而在转得较快一侧即外侧的半轴齿轮上，ΔF 与 $F/2$ 的方向相反，故旋转较慢的半轴齿轮所传的转矩 T_2 较大，而旋转较快的半轴齿轮所传的转矩 T_1 较小，即

$$T_1 = \left(\frac{F}{2} - \Delta F\right)r$$

$$T_2 = \left(\frac{F}{2} + \Delta F\right)r$$

令 $Fr = T_0$ ，$\Delta Fr = T_f / 2$ ，则有

$$T_1 = \frac{T_0}{2} - \frac{T_f}{2} = 0.5(T_0 - T_f) \tag{1-8}$$

$$T_2 = \frac{T_0}{2} + \frac{T_f}{2} = 0.5(T_0 + T_f) \tag{1-9}$$

$$T_1 + T_2 = T_0 \tag{1-10}$$

$$T_2 - T_1 = T_f \tag{1-11}$$

式中，T_0 为差速器壳上的转矩；T_f 为差速器元件在相对运动时所产生的折合到半轴齿轮上的摩擦力矩。

由此可见，差速器的内摩擦改变了驱动桥的转矩分配，并使旋转较快一侧的半轴齿轮上的转矩减小，旋转较慢一侧的半轴齿轮上的转矩增大，这有利于改善汽车的通过性。例如，当汽车一侧的驱动车轮因附着力不够而开始滑转时，传给它的转矩就会减小，而传到另一侧不滑转的驱动车轮上的转矩会相应增大，结果在汽车的左、右驱动车轮上的总牵引力可能达到的最大数值为

$$F_{\text{tmax}} = 2F_{\varphi\min} + \frac{T_f}{r_r} \tag{1-12}$$

式中，F_{tmax} 为左、右驱动车轮总牵引力的最大值；$F_{\varphi\min}$ 为附着力较小的驱动车轮与地面的附着力；r_r 为车轮的滚动半径；T_f 为差速器的内摩擦力矩。

由此可见，由于差速器的内摩擦使汽车的总牵引力增大了 T_f/r_r ，但一般结构的圆锥行星齿轮差速器的内摩擦力矩不大，所以在驱动车轮上的总牵引力将增加 4%~6%。为了提高汽车的通过性，常采用具有较大内摩擦力矩的高摩擦式限滑差速器，这时在驱动车轮上的总牵引力可增加 10%~15%。

1.4 限滑差速器

本节主要介绍典型限滑差速器的结构及工作原理。

1.4.1 主动控制式限滑差速器

主动控制式限滑差速器是利用外部控制实现主动限滑的。它主要通过传感器来收集汽车动态参数的信息，经控制单元处理后，发出指令使机构执行相应动作，以达到限滑的目的。

1. 强制锁止式限滑差速器

对于经常行驶在泥泞、松软土路或无路地区的越野汽车，充分利用牵引力的最简单方法之一就是在普通圆锥行星齿轮差速器上加装差速锁，必要时可将差速器锁住。此时，左、右驱动车轮可以传递由附着力决定的全部转矩。

图1-6所示为一种啮合套式强制锁止式限滑差速器，其啮合套与半轴通过花键连接并可由拨叉推动做轴向移动。需要锁住差速器时，可用拨叉推动啮合套，使其右端面上的接合齿与差速器左壳左端面上的接合齿相咬合，使一根半轴与差速器壳连成一体，差速器即被锁住。

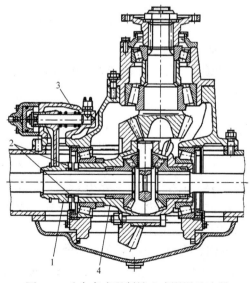

图1-6　啮合套式强制锁止式限滑差速器
1-啮合套；2-接合齿；3-操纵机构；4-差速器左壳

图 1-7 所示为强制锁止式差速器的指销式差速锁。其作用原理与啮合套式差速锁的作用原理相同，只是在锁止时用指销将左半轴齿轮与差速器左壳连接。

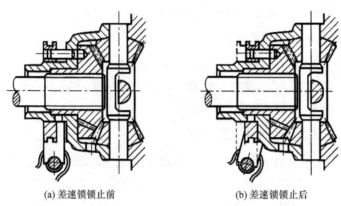

(a) 差速锁锁止前　　　　　　　　(b) 差速锁锁止后

图 1-7　指销式强制锁止式差速锁

为了定量地分析差速锁对汽车通过性的影响，下面以驱动型式为 4×2 的汽车为例，并假定其一个驱动车轮行驶在附着系数 φ 为 0.7 的干燥硬路面上，而另一个驱动车轮驶进一块附着系数 $\varphi_{\min}$ 为 0.1 的冰面上。在这种极端的情况下，装有普通圆锥行星齿轮差速器的汽车所能发挥的最大牵引力为

$$F_{t} = \frac{G_{2}}{2}\varphi_{\min} + \frac{G_{2}}{2}\varphi_{\min} = G_{2}\varphi_{\min} = 0.1G_{2}$$

式中，G_{2} 为驱动桥施加于地面的负荷。

如果将差速器完全锁住，则汽车所能发挥的最大牵引力为

$$F_{t}' = \frac{G_{2}}{2}\varphi + \frac{G_{2}}{2}\varphi_{\min} = \frac{G_{2}}{2}(\varphi + \varphi_{\min}) = 0.4G_{2}$$

即在上述极端情况下，采用差速锁将普通的圆锥行星齿轮差速器锁住，可以使汽车的牵引力提高 4 倍。但在通常的实际道路条件下，很少有这种极端的情况，即各驱动车轮与地面的附着系数往往不会相差这样大。特别是当汽车因某一驱动车轮滑转而停车时，已经失去原有的冲力，再起步时需要克服比行驶时大得多的阻力，因而驱动车轮需要发挥更大的牵引力，而这时因滑转而遭到破坏的地表面往往不能承受这样大的牵引力。除非另一驱动车轮附着良好，否则当左、右驱动车轮均处在附着系数较小的路面上时，即使锁住差速器，牵引力仍会超过车轮与路面的附着力，汽车仍然无法起步和前进。因此，在一般表面状况变化不大的路面上，即使锁住差速

器，汽车总牵引力的增加往往也不超过 25%。

必须指出，当汽车驶入较好路面时，应将差速器的锁止机构及时松开，否则将产生与无差速器时同样的问题，如转弯困难、轮胎磨损加速、传动系零件过载和消耗的功率过多等。

由于上述种种原因，强制锁止式限滑差速器没有得到广泛应用。

2. 电磁式限滑差速器

电磁式限滑差速器的限滑装置为常规多片摩擦式离合器，但其压紧力靠电磁力进行控制，如图 1-8 所示。电磁式限滑差速器可以依据工况需要，由驾驶员实现电路闭合，控制电磁力的大小，改变差速器的内摩擦力矩，从而改变差速器的锁紧系数，实现实时主动控制。

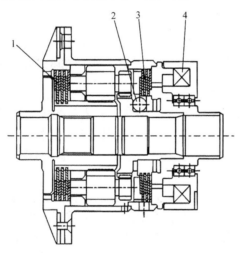

图 1-8　电磁式限滑差速器
1-主离合器；2-凸轮；3-副离合器；4-电磁铁

3. 电液式限滑差速器

电液式限滑差速器的限滑装置也为常规多片摩擦式离合器，但其压紧力靠电液压进行控制，如图 1-9 所示。当主、从动片分开时，限滑差速器不起作用。当行驶工况需要限滑时，驾驶员控制电磁阀，打开其电控液压阀，油压力通过活塞，使主、从摩擦片相互结合，产生内摩擦力矩，且该摩擦力矩随油压增大而增大。

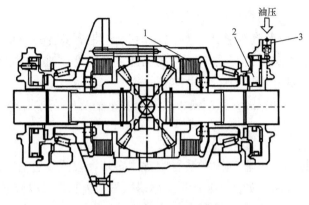

图 1-9　电液式限滑差速器
1-多片式主、从动摩擦片组；2-活塞；3-液压油管

1.4.2　被动控制式限滑差速器

被动控制式限滑差速器分为扭矩差感应式和转速差感应式两种，分别通过感知差速器两端的扭矩差和速度差，被动地限制差速器差动。

1. 扭矩差感应式限滑差速器

扭矩差感应式限滑差速器分为高摩擦式和变传动比式两种，本章主要介绍高摩擦式限滑差速器，变传动比式限滑差速器将在第2章进行详述。

1) 带有摩擦元件的圆锥行星齿轮限滑差速器

(1) 结构分析。

为了增大差速器的内摩擦力矩，有的结构是在普通圆锥行星齿轮差速器中加装摩擦元件，形成带有摩擦元件的圆锥行星齿轮限滑差速器，这类差速器最简单的结构型式如图 1-10 所示。在行星齿轮背面用销钉固定着一个蘑菇状的摩擦元件——球面凸缘。球面凸缘的径向尺寸较大，显著增大了差速器的内摩擦力矩。与普通圆锥行星齿轮差速器相比，该结构的另一特点是半轴齿轮与行星齿轮径向尺寸的差别明显增大。

美国 HAULPAK 重型载货汽车采用了上述增大差速器内摩擦力矩的方法，图 1-11 为该车驱动桥差速器结构分解图。由图可见，该差速器的一特点是取消了行星齿轮轴或十字轴，这有利于缩小行星齿轮的径向尺寸、加大行星齿轮与半轴齿轮的齿数差或传动比。这时，行星齿轮 8 通过其蘑菇状的摩擦元件即球面凸缘支承在其座套 9 上，而后者又由 4 个螺钉 10 固定到差速器壳 12 上。它们之间的配合间隙由调整垫片 11 进行调整，以保证行星齿轮能自由转动。在 HAULPAK 汽车上，4 个行星齿轮分别选配其调整垫片，使每个行星齿轮球面凸缘的背面间隙控制在 0.254～0.508mm 内。各组背面间隙相互之间的差值应不大于 0.052mm。

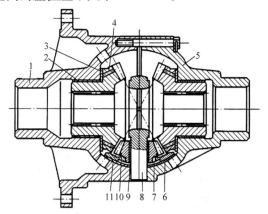

图 1-10 圆锥行星齿轮限滑差速器的结构简图

1-差速器左壳；2,9-青铜套；3,11-青铜支承垫片；4-半轴齿轮；5-差速器右壳；
6-行星齿轮摩擦元件(球面凸缘)；7-销钉；8-十字轴；10-行星齿轮

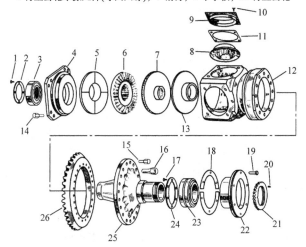

图 1-11 美国 HAULPAK 重型载货汽车差速器结构分解图

1,17,19-螺钉；2,24-轴承挡圈；3-轴承；4-盖；5,13-半轴齿轮支承垫；6,7-半轴齿轮；
8-行星齿轮；9-行星齿轮球面凸缘座套；10-螺钉；11-调整垫片；12-差速器壳；
14,15,16-锥头螺钉；18-对开垫片；20-管螺塞；21-花边螺母；22-轴承座；
23-双列滚子轴承；25-从动齿轮座；26-主减速从动齿轮

图 1-12 所示为带有两个锥形摩擦盘(图 1-12(a))或两组摩擦片(图 1-12(b))的圆锥行星齿轮差速器，后一种被美国克莱斯勒汽车公司所采纳，称为 Sure Grip 式差速器。原有的十字轴被两根互相垂直交叉的行星齿轮轴所代替，且

轴两端制成V形斜面与差速器壳上带有V形斜面的槽孔相配合。两根行星齿轮轴的V形斜面以相反方向安装。在摩擦片式的结构中，每个半轴齿轮的背面有推力盘和主、从动摩擦片。推力盘以花键孔与半轴花键相连。主动摩擦片的外齿与差速器壳上的齿槽相配合，带有花键孔的从动摩擦片与推力盘的花键齿相配合。推力盘及主、从动摩擦片均可做微小的轴向移动。

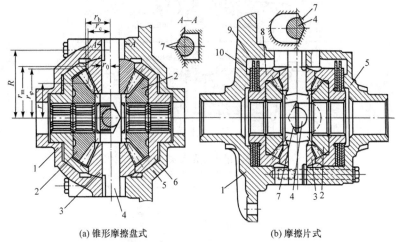

图 1-12　带有摩擦盘或摩擦片的圆锥行星齿轮差速器
1-差速器左壳；2-半轴齿轮；3-行星齿轮；4-行星齿轮轴；5-差速器右壳；
6-锥形摩擦盘；7-V形斜面；8-推力盘；9-主动摩擦片；10-从动摩擦片

(a) 锥形摩擦盘式　　　　　　(b) 摩擦片式

在传递转矩时，由于差速器壳通过斜面分别将两根行星齿轮轴的两端压紧，使后者连同行星齿轮一起分别向左、右微移(为零点几毫米)，并通过行星齿轮背部的圆柱台肩压向推力盘及主、从动摩擦片(图 1-12(b))或压向锥形摩擦盘(图 1-12(a))，使它们压紧，产生左、右驱动车轮以不同转速转动时所必须克服的摩擦力矩。摩擦片式圆锥行星齿轮差速器较摩擦盘式圆锥行星齿轮差速器有更大的锁紧系数和较小的摩擦面压力。用陶瓷合金制成的摩擦片具有良好的耐磨性，能保证具有足够长的寿命和稳定的锁紧系数。摩擦盘式圆锥行星齿轮差速器的锁紧系数为 2.5 左右，而摩擦片式圆锥行星齿轮差速器的锁紧系数可达到 5 以上。

(2) 工作原理分析。

① 汽车直行且左、右半轴无转速差。

此时，传给差速器壳的转矩在左、右半轴之间平均分配。转矩是经过两条路线传给半轴的，一条路线是由差速器壳通过行星齿轮轴、行星齿轮、半轴齿轮等传向半轴及驱动车轮，即与普通圆锥行星齿轮差速器的动力传递路线相同，如图 1-13(a) 所示。另一条是先由差速器壳传给在驱动转矩作用下被压紧的主、从动摩擦片及推力盘，然后经左、右半轴传至驱动车轮。由此可见，当左、右车轮无转速差时，摩擦片式圆锥行星齿轮差速器传递转矩的能力比不带摩擦片的普通圆锥行星齿轮差速器要大，这两种差速器传递转矩能力的差值即上述通过摩擦片所传转矩的值。

② 汽车转弯或某一侧驱动车轮滑转而使左、右驱动车轮产生转速差。

差速器壳的转速 n_0 与左、右半轴齿轮的转速 n_2、n_1 各不相等，当 $n_1 > n_2$ 时，有 $n_1 > n_0 > n_2$ 的转速关系，如图 1-13(b) 所示。由于转速差的存在和主、从动摩擦片及推力盘被压紧，在左、右两侧的主、从动摩擦片以及推力盘及差速器壳之间必将分别产生摩擦力矩。该摩擦力矩的大小与这些摩擦元件之间的摩擦系数及压紧力大小有关，其方向和 n_1 与 n_0 或 n_2 与 n_0 间的相对转速有关。根据 n_1、n_2 和 n_0 三者的转速关系不难看出，快转轮一侧的摩擦力矩，其方向应与快转轮的旋转方向相反，故其值为负。而慢转轮一侧的摩擦力矩，其方向应与慢转轮的旋转方向相同，故其值为正。这种情况犹如将部分驱动力矩由快转轮转移到慢转轮。因此，慢转轮的驱动力矩将大于快转轮的驱动力矩，这样也就提高了汽车的防滑能力。

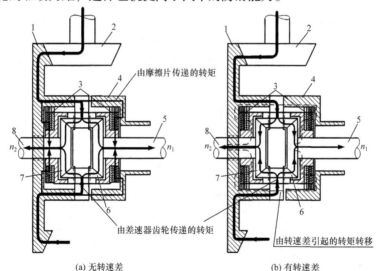

(a) 无转速差　　　　　　　　　　　　(b) 有转速差

图 1-13　摩擦片式圆锥行星齿轮差速器的动力传递简图

1-从动齿轮；2-主动齿轮；3-摩擦片；4-差速器壳；5-右半轴；6-行星齿轮；7-半轴传动；8-左半轴

综上可知，带有摩擦元件的圆锥行星齿轮限滑差速器的锁紧作用不仅取决于所传转矩的大小，还取决于其左、右半轴齿轮或左、右驱动车轮的转速差。由于这类差速器能使快转车轮的驱动力矩减小，这就可能制止滑转车轮的继续滑转，而使快转车轮所减小的驱动力矩转移到慢转车轮上，可显著提高汽车的防滑能力和通过性。

另外，无论汽车处于前进挡或倒挡，处于驱动状态或依靠惯性力而滑行，摩擦片式和摩擦盘式圆锥行星齿轮差速器在其正、反两个方向传递转矩的效果是相同的。

对于摩擦片式圆锥行星齿轮差速器，不难证明当左、右半轴的转速不等时主、从动摩擦片间产生的摩擦力矩为

$$T_f = \frac{T_0 \tan\beta}{R} f\, r_f Z$$

式中，T_0 为差速器所传递的转矩；β 为差速器 V 形面的半角；R 为差速器 V 形面中点至半轴齿轮中心线的距离；r_f 为摩擦片的平均半径；f 为摩擦系数；Z 为摩擦面数。

2) 蜗轮蜗杆式限滑差速器

蜗轮蜗杆式限滑速器主要用于在各种道路条件下和无路地区行驶的大吨位载货汽车、越野汽车和特种牵引汽车。由于其锁紧系数大，在附着系数变化剧烈的复杂道路条件下能得到较好地防止车轮滑转的效果。

(1) 结构分析。

蜗轮蜗杆式限滑差速器有行星蜗轮式和非行星蜗轮式两种结构型式。图 1-14 所示是带有 3 个行星蜗轮的蜗轮蜗杆式限滑差速器结构，图 1-15 和

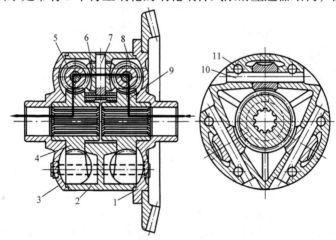

图 1-14　带有 3 个行星蜗轮的蜗轮蜗杆式限滑差速器结构
1-右盖；2-壳；3-左盖；4,9-半轴蜗轮；5,8-蜗杆；6-行星蜗轮；7-行星蜗轮轴；
10-蜗杆轴；11-差速器壳紧固螺栓

图 1-16 所示是带有 4 个行星蜗轮的蜗轮蜗杆式限滑差速器结构，它们的结构原理相同。图 1-17 所示是不带行星蜗轮的蜗轮蜗杆式限滑差速器结构。

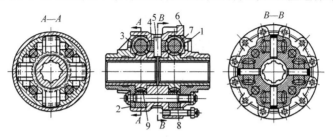

图 1-15　带有 4 个行星蜗轮的蜗轮蜗杆式限滑差速器 1 结构
1,2-盖；3,7-蜗杆；4-行星蜗轮；5-行星蜗轮轴；6-壳；8,9-半轴蜗轮

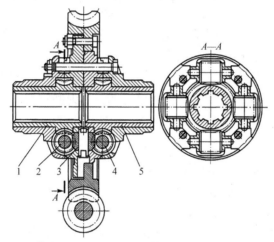

图 1-16　带有 4 个行星蜗轮的蜗轮蜗杆式限滑差速器 2 结构
1,5-半轴蜗轮；2,4-蜗杆；3-行星蜗轮

在图 1-14 中，差速器外壳由壳 2、左盖 3 及右盖 1 三部分组成。两个作为半轴蜗轮 4、9 的蜗轮置于差速器壳 2 内，并分别与 3 个蜗杆 5 或 8 相啮合，构成 6 对蜗杆-蜗轮副。而蜗杆 5 或 8 的轴 10 沿差速器壳圆形断面的 3 个等长弦安置。左右两组蜗杆 5、8 之间又有 3 个小的蜗轮作为行星蜗轮 6，每个行星蜗轮 6 同时与其左右各 1 个蜗杆 5、8 相啮合。行星蜗轮轴 7 径向地安置在差速器壳 2 的中部。

当汽车在平坦的硬路面上直行时，转矩通过差速器壳 2、行星蜗轮 6、蜗杆 5 及 8 传到左、右半轴蜗轮 4 和 9 上，它们像一个整体一起转动而不起差速作用。

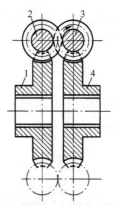

图 1-17　不带行星蜗轮的蜗轮蜗杆式限滑差速器结构
1,4-半轴轮；2,3-蜗杆

当汽车转弯或一个驱动车轮开始滑转而使左、右驱动车轮有转速差时，差速器起差速作用。这时它必须克服几个蜗杆-蜗轮副中的摩擦阻力所造成的较大内摩擦力矩，重新分配左、右半轴的转矩，并使慢转半轴的转矩增大，从而使慢转驱动车轮的驱动力矩增大。其转矩分配为

$$T_1 = 0.5(T_0 - T_f)$$
$$T_2 = 0.5(T_0 + T_f)$$

(1-13)

式中，T_0 为差速器壳上的转矩；T_f 为内摩擦力矩。

在设计蜗轮蜗杆式限滑差速器时，可用选择蜗杆螺旋角的方法来得到所需要的差速器内摩擦数值，以获得所要求的转矩在两个半轴间的不等分配。

图 1-15 和图 1-16 中，4 个行星蜗轮分别与其左、右侧的 4 个蜗杆相啮合，而后者又分别与左、右侧的半轴蜗轮相啮合，构成具有 16 对啮合副的行星蜗轮系统。差速器各构件之间的工作关系与前述带有 3 个行星蜗轮的蜗轮蜗杆式限滑差速器类似。

(2) 锁紧系数计算。

蜗轮蜗杆式限滑差速器的效率 η_D 指当差速器壳不转而以一个半轴驱动另一个半轴时的传动效率，图 1-14 所示为沿箭头方向传递动力时的情况。

蜗轮蜗杆式限滑差速器的效率 η_D 为各蜗杆-蜗轮副传动效率的乘积。例如，对于图 1-16 所示结构，有

$$\eta_D = \eta_{1,2}\, \eta_{2,3}\, \eta_{3,4}\, \eta_{4,5}$$

(1-14)

式中，$\eta_{1,2}$、$\eta_{3,4}$ 为由蜗轮 1 向蜗杆 2、由蜗轮 3 向蜗杆 4(图 1-17)的传动

效率，有

$$\eta_{1,2} = \eta_{3,4} = \frac{\tan(\beta - \rho)}{\tan \beta} \tag{1-15}$$

$\eta_{2,3}$、$\eta_{4,5}$ 为由蜗杆 2 向蜗轮 3、蜗杆 4 向蜗轮 5 的传动效率，有

$$\eta_{2,3} = \eta_{4,5} = \frac{\tan \beta}{\tan(\beta + \rho)} \tag{1-16}$$

式中，β 为蜗杆节圆柱上螺旋线的升角；ρ 为蜗杆-蜗轮啮合面上的摩擦角，可近似地取 $\rho = \arctan f$，f 为蜗杆-蜗轮副啮合过程中的滑动摩擦系数。

将式(1-15)和式(1-16)代入式(1-14)可得

$$\eta_D = \frac{\tan^2(\beta - \rho)}{\tan^2(\beta + \rho)} \tag{1-17}$$

而蜗轮蜗杆式限滑差速器的锁紧系数为

$$K = \frac{T_2}{T_1} = \frac{1}{\eta_D} = \frac{\tan^2(\beta + \rho)}{\tan^2(\beta - \rho)} \tag{1-18}$$

$$K' = \frac{T_2 - T_1}{T_2 + T_1} = \frac{1 - \eta_D}{1 + \eta_D} \tag{1-19}$$

蜗轮蜗杆式限滑差速器的特点是具有较大的锁紧系数，K 值可高达 6～9，K' 值为 0.4～0.8。锁紧系数的大小主要取决于蜗杆节圆柱上的螺旋线升角 β，这个角不宜太小，以保证蜗轮传动的可逆性。行星蜗轮式差速器比非行星蜗轮式差速器有较大的锁紧系数和较多的优越性。蜗轮蜗杆式限滑差速器在使用中可以自动、及时地锁紧，且工作过程十分平滑，无脉动和冲击，结构也很紧凑。此外，锁紧系数实际上与零件磨损无关，这也是它的一个优点。蜗轮蜗杆式限滑差速器的缺点是结构复杂，对制造精度及材料的要求高。由于锁紧系数大，装有蜗轮蜗杆式限滑差速器的汽车在行驶过程中车轮的转矩分配变化较大，作用在半轴上的载荷有时会很大，需要增强其结构。由于同一原因，汽车转向操纵的灵活性也稍有降低。

3) 托森差速器

(1) 结构分析。

托森(Torsen)差速器是蜗轮蜗杆式限滑差速器的另一种结构型式，在四轮驱动轿车上作为轴间差速器已得到了日益广泛的应用，同时也可以用作后驱动桥轮间差速器。托森差速器结构如图 1-18 所示。

(a) 垂直轴式　　　　　　　　(b) 平行轴式

(c) 实体模型

图 1-18　托森差速器结构

德国 Audi 80 型四轮驱动轿车的轴间差速器采用了托森差速器结构，如图 1-19 所示。Audi V8 后驱动轿车和丰田 Celica Gt-Four 轿车等用它作为后驱动桥轮间差速器，如图 1-20 所示。托森差速器在转速、转矩差较大时有自动锁止功能，因此通常不用作转向驱动桥的轮间差速器。

托森轴间差速器的驱动转矩由空心驱动轴 2 经花键连接传给差速器壳 3，而空心驱动轴 2 同时又是变速器的空心输出轴即第二轴。发动机输出的转矩经离合器、变速器及其空心输出轴传给托森轴间差速器，再由托森轴间差速器的前蜗杆轴通过变速器的空心输出轴传给前驱动桥，由后蜗杆轴传向后驱动桥。

托森轮间差速器与托森轴间差速器的区别仅在于前者的输入转矩是经主减速器从动齿轮直接传给差速器壳，而不需要托森轴间差速器所具有的空心驱动轴。

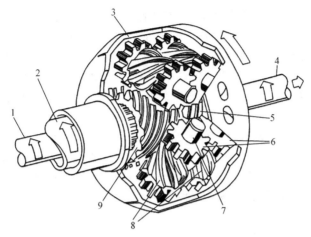

图 1-19 德国 Audi 80 型四轮驱动轿车托森轴间差速器的结构

1-差速器前蜗杆轴；2-空心驱动轴；3-差速器壳；4-差速器后蜗杆轴；5-后蜗杆；
6-直齿圆柱齿轮；7-蜗轮及齿轮轴；8-蜗轮；9-前蜗杆

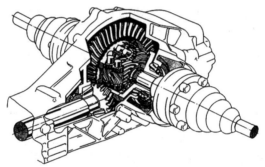

(a) 带有托森差速器的后桥

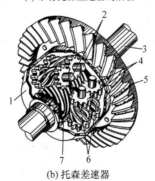

(b) 托森差速器

图 1-20 德国 Audi V8 后驱动轿车托森轮间差速器的结构

1-差速器壳；2-蜗轮-齿轮轴；3-半轴；4-直齿圆柱齿轮；5-主减速器从动齿轮；6-蜗轮；7-半轴蜗杆

托森轮间差速器(图 1-20(b))由差速器壳、左半轴蜗杆、右半轴蜗杆、蜗轮-齿轮轴(6 个)、蜗轮(6 个)和直齿圆柱齿轮(12 个)等组成。蜗轮-齿轮轴的中间有 1 个蜗轮，其两侧各有 1 个尺寸完全相同的直齿圆柱齿轮，蜗轮-齿轮轴安装在差速器壳上。其中 3 个蜗轮与左半轴蜗杆相啮合，另 3 个蜗轮与右半轴蜗杆相啮合。与左、右半轴蜗杆相啮合的左右成对的蜗轮彼此之间通过其两侧相互啮合的圆柱齿轮副发生联系。

差速器壳与主减速器从动齿轮相连，是差速器的输入元件。差速器壳又带动蜗轮-齿轮轴及蜗轮绕半轴蜗杆转动。当汽车转向时，成对蜗轮两侧相互啮合的直齿圆柱齿轮的相对转动使一侧半轴蜗杆的转速加快，另一侧半轴蜗杆的转速减慢，实现差速作用。

(2) 工作原理分析。

① 汽车直线行驶、两半轴无转速差。

如图 1-21(a) 所示，左半轴蜗杆转速 n_1 与右半轴蜗杆转速 n_2 相等且等于差速器壳转速 n_0，即 $n_1 = n_2 = n_0$。此时，蜗轮与蜗杆之间、两相啮合的直齿圆柱齿轮之间均无相对转动，差速器和左、右半轴犹如一个整体一起转动，且差速器壳上的转矩 T_0 平均分配给左、右半轴，即 $T_1 = T_2 = T_0 / 2$。

② 汽车转向行驶，某一驱动车轮滑转使左、右半轴蜗杆转速不等或左、右驱动车轮产生转速差。

如图 1-21(b) 所示，设 $n_1 > n_2$，则有 $n_1 > n_0 > n_2$ 的转速关系。此时，成对蜗轮两侧相互啮合的直齿圆柱齿轮产生相对转动，设转速为 n_r，且左侧齿轮的旋转方向与左侧的蜗轮和蜗杆加快旋转相符合，而右侧齿轮相反的旋转方向与右侧的蜗轮和蜗杆减慢旋转相符合，即左、右两半轴蜗杆的转速差是通过成对蜗轮两侧相互啮合的圆柱齿轮的相对转动来实现的。由上述分析可知，快转的左半轴蜗杆使左侧的蜗轮及齿轮转动，右侧的齿轮也随之被迫转动，并迫使右侧的蜗轮带动右半轴蜗杆转动，齿面间有很大的摩擦力，限制了右侧齿轮转速的增加，并阻止了左侧齿轮及左半轴蜗杆转速的增加。因此，托森差速器仅当左、右两半轴蜗杆转速差不大时才能实现差速。

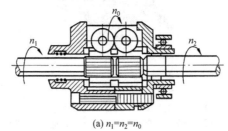

(a) $n_1 = n_2 = n_0$

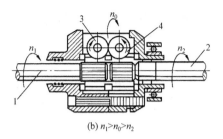

(b) $n_1 > n_0 > n_2$

图 1-21　托森差速器的工作原理

1-左半轴蜗杆；2-右半轴蜗杆；3-左蜗轮-齿轮轴上的圆柱齿轮；4-右蜗轮-齿轮轴上的圆柱齿轮

(3) 锁紧系数计算。

托森差速器在差速时利用蜗杆-蜗轮副的高内摩擦力矩 T_f 进行转矩再分配。设左半轴蜗杆转速 n_1 大于右半轴蜗杆转速 n_2，如图 1-21(b) 所示。由于 $n_1 > n_0 > n_2$，左半轴蜗杆推动左侧 3 个蜗轮产生自转，该蜗杆受到的左侧 3 个蜗轮给予的摩擦阻力矩应与蜗杆的转矩方向相反；而右半轴蜗杆受到右侧 3 个具有自转运动的蜗轮的推动，则该蜗杆受到的右侧 3 个蜗轮给予的摩擦力矩应与该蜗杆的转矩方向一致。即由于内摩擦力矩的存在，快转的左半轴蜗杆的转矩 T_1 减小，慢转的右半轴蜗杆的转矩 T_2 增大，转矩分配为

$$T_1 = T_0 - T_f$$
$$T_2 = T_0 + T_f$$

式中，T_0 为差速器壳上的转矩；T_f 为内摩擦力矩。

当 $n_2 = 0$，即右半轴蜗杆不转而左半轴蜗杆空转时，由于右侧 3 个蜗轮与该侧蜗杆之间的摩擦力矩 T_f 过大，T_0 全部分配到右半轴蜗杆上，此时相当于差速器锁住，即无差速作用。

如果直齿圆柱齿轮副的传动损失与蜗杆-蜗轮副相比较不大，则将之忽略，此时托森差速器的效率可按式(1-15)及式(1-16)求得，具有蜗杆-蜗轮副正向和反向传动的托森差速器的效率为

$$\eta_D = \frac{\tan\beta}{\tan(\beta+\rho)} \frac{\tan(\beta-\rho)}{\tan\beta} = \frac{\tan(\beta-\rho)}{\tan(\beta+\rho)} \tag{1-20}$$

托森差速器的锁系数 K 和 K' 可根据式(1-4)和式(1-20)、式(1-19)分别求得

$$K = \frac{1}{\eta_D} = \frac{\tan(\beta+\rho)}{\tan(\beta-\rho)} \tag{1-21}$$

$$K' = \frac{1-\eta_D}{1+\eta_D} = \frac{\tan(\beta+\rho) - \tan(\beta-\rho)}{\tan(\beta+\rho) + \tan(\beta-\rho)} \tag{1-22}$$

式中，β 为蜗杆节圆柱上螺旋线的升角；ρ 为蜗杆-蜗轮啮合面上的摩擦角。

当 $\beta = \rho$ 时，$K \to \infty$，差速器自锁。一般 K 可达 5.5～9，K' 可达 0.7～0.8。选取不同的 β 值将得到不同的 K 值，使驱动力既可来自蜗杆，又可来自蜗轮。为减少磨损、延长使用寿命，可将 K 值降至 3～3.5，这样即使一侧驱动车轮的附着条件很差，仍可利用另一侧附着力大的驱动车轮产生足以克服行驶阻力的驱动力。

4) 滑块-凸轮式限滑差速器

滑块-凸轮式限滑差速器是一种应用比较广泛的高摩擦差速器。根据滑块安置方向的不同和安置排数的多少，滑块-凸轮式限滑差速器在结构上又可分为径向滑块式(滑块沿径向安置)、轴向滑块式(滑块沿轴向安置)、单排滑块式和双排滑块式等，如图 1-22 所示。其中径向滑块式结构比轴向滑块式结构应用更为广泛，且多采用双排滑块式结构。

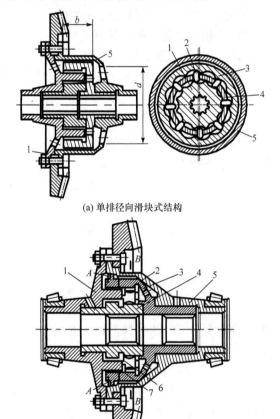

(a) 单排径向滑块式结构

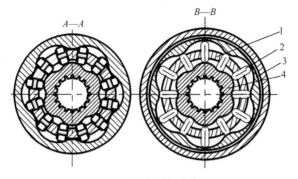

(b) 双排径向滑块式结构

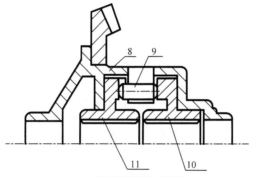

(c) 单排轴向滑块式结构

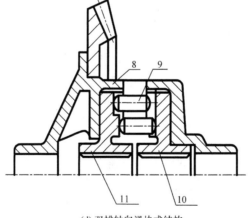

(d) 双排轴向滑块式结构

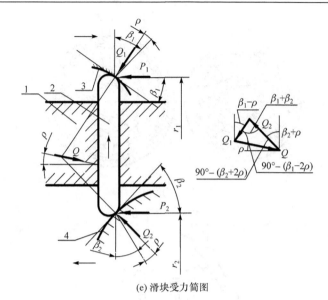

(e) 滑块受力简图

图 1-22　滑块-凸轮式限滑差速器

1-差速器左壳；2,9-滑块；3-凸轮套；4-凸轮；5-差速器右壳；6,7-卡环；
8-差速器壳；10-右凸轮；11-左凸轮

(1) 结构分析。

① 单排径向滑块-凸轮式限滑差速器。

如图 1-22(a) 所示，其主动套(套环)与差速器左壳制成一体，上沿圆周均匀分布着 8 个径向孔即滑块座孔，滑块与座孔之间采用精度较高的滑动配合。滑块内端和以花键孔与左半轴的花键连接的凸轮的表面接触，而其外端和以花键孔与右半轴的花键连接的凸轮套的具有凸轮槽的内表面相接触。转矩由差速器壳经滑块传给凸轮和凸轮套，进而传给左、右半轴。在这种单排滑块的结构中，凸轮外表面上的凸轮块数和凸轮套内表面上的凸轮槽数是不相等的，也不应相等；否则，当凸轮块与凸轮槽数目相等并处于对应位置(图 1-22 的 B—B 剖面)时，差速器将失去传递转矩的作用。

② 双排径向滑块-凸轮式限滑差速器。

如图 1-22(b) 所示，其主动套与差速器左壳是一体的，主动套上有两排沿圆周均匀分布且交错布置的 12 个径向孔即滑块座孔。滑块与座孔间也要采用精度较高的滑动配合。每排滑块的内、外端分别与凸轮、凸轮套的工作表面接触，而凸轮、凸轮套以花键分别与左、右半轴相连。转矩由差速器左壳上的主动套经滑块传给凸轮及凸轮套，进而传给左、右半轴。在这种双排滑块的结构中，凸轮外表面上的凸轮块数和凸轮套内表面上的凸轮槽数相等。为了不使两排滑块均处于如图 1-22 中 B—B 剖面所示的不能传递转矩的对应位置，当两排凸轮套的内工作表面完全重合时，两排凸轮外表面上的凸轮块要相互错开半个凸轮块的包角。这种布置不仅可避免出现不能传递转矩的情况，还可解决单排滑块-凸轮式限滑差速器所引起的转矩脉动和零件过早磨损的问题。这是因为当采用双排滑块并按图 1-22 的 A—A、B—B 剖面来布置凸轮与凸轮套工作表面的相对位置时，如果有一排滑块处于不能传递转矩的某一位置(图 1-22 的 B—B 剖面)，则转矩可由另一排滑块来传递(图 1-22 的 A—A 剖面)。为了防止滑块自转，在其上制有导槽，装在主动套上的内、外卡环伸入滑块的导槽内，使滑块只能沿座孔移动而不能绕其自身转动。主动套内侧的卡环是一个具有开口的弹性圈，外卡环也有一开口，将其装到主动套上后开口被焊在一起。这两种卡环有助于差速器的装配，可防止滑块在装配过程中从主动套的座孔滑出。

(2) 工作原理分析。

当左、右半轴的角速度相等时，滑块相对于主动套及凸轮、凸轮套的工作表面不动并带动凸轮与凸轮套一起旋转。当汽车转弯或一侧车轮滑转时，左、右驱动车轮有转速差，滑块-凸轮式限滑差速器起差速作用。例如，当左、右驱动车轮的转速 ω_1、ω_2 不等且 $\omega_1 > \omega_0 > \omega_2$ 时，由于快转轮一侧凸轮表面的角速度 ω_1 大于主动套的角速度 ω_0，慢转轮一侧凸轮表面的角速度 $\omega_2 < \omega_0$，所以滑块将由慢转凸轮表面移向快转凸轮表面，并且滑块对快转凸轮表面的摩擦力所形成的摩擦力矩与 ω_1 方向相反，而滑块对慢转凸轮表面的摩擦力所形成的摩擦力矩与 ω_2 方向相同。因此，快转驱动车轮的转矩将减小，而慢转驱动车轮的转矩将增大。

① 汽车直线行驶且左、右半轴之间无转速差。

差速器壳通过与其相连的套环 5 带动滑块 2 绕半轴中心线旋转，而图 1-23 所示靠在左、右凸轮盘的凸块后斜面上的滑块 2，推动其左、右两侧的凸块使它们一同旋转，并将转矩传给左、右半轴。当以与此相反的方向传递转矩(如发动机熄火并用它制动)时，情况也一样，只是由左、右凸轮盘的凸块推动滑块使套环旋转。

② 汽车转弯或左、右半轴之间有转速差。

外侧车轮或快转车轮一侧的凸轮盘比套环旋转得快，而内侧车轮或慢转车轮一侧的凸轮盘比套环旋转得慢。当一侧车轮的行驶阻力增大而使该侧凸轮盘的转速比套环的转速小时，一部分滑块将被慢转车轮一侧凸轮盘

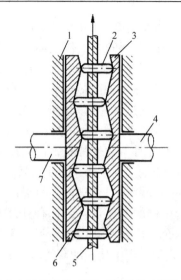

图 1-23　沿轴向安置的滑块-凸轮式限滑差速器的结构原理简图
1-差速器壳；2-滑块；3-右凸轮盘；4-右半轴；
5-套环；6-左凸轮盘；7-左半轴

上的凸块压向另一侧凸轮盘，并使后者转动加快。两个半轴即以不同的转速转动，差速器开始其差速作用。这时，在滑块与左、右凸轮盘上的凸轮状表面之间和滑块与其座孔之间都产生滑动摩擦。滑块两端与左、右凸轮盘凸轮状表面接触处所产生的滑动摩擦力矩作用在左、右凸轮盘上的方向，与快转凸轮盘的旋转方向相反，而与慢转凸轮盘的旋转方向一致，这是因为左、右凸轮盘与套环的相对速度的方向相反。其结果是使滑块推动快转凸轮盘的力减小而推动慢转凸轮盘的力增大，也就使左、右半轴或左、右驱动车轮得到大小不同的转矩。对单排滑块-凸轮式限滑差速器来说，左、右凸轮盘上的凸块数目不应相等，因为当两个具有相同数目凸块的凸轮盘处于一定相对位置，使左、右凸轮盘之间形成宽度等于滑块长度的等宽曲折通道时，套环的转动仅能产生滑块的轴向往复运动，而左、右凸轮盘会保持不动。然而，在单排滑块式的结构中，左、右凸轮盘上凸块数的不同又会引起工作中的转矩脉动现象和加剧零件的磨损。采用双排滑块会使这些情况得到改善，这时两排滑块的安置位置应错开半个间距。

　　滑块-凸轮式限滑差速器的锁紧系数通常为 $K = 2.33 \sim 3$ 或 $K' = 0.3 \sim 0.5$。新差速器的锁紧系数 K 值稍大些，可以达到 $3.5 \sim 6$。随着 K 值的增大，其摩擦表面的接触应力将增大，使用寿命将降低。对于某些越野汽车和特种车辆，采用滑块-凸轮式限滑差速器，有时显得锁紧系数 K 值太小，但若用它代替普通圆锥行星齿轮差速器用于通用的载货汽车，则可显著提高其通过性。

(3) 锁紧系数的计算。

图 1-22(e) 为滑块受力简图。滑块与快、慢转凸轮表面及主动套之间的作用力分别为 Q_1、Q_2、Q，由于接触面间的摩擦，这些力与接触点法线方向均偏斜一摩擦角 ρ，则每个滑块使快、慢转半轴所受的转矩 T_1、T_2 分别为

$$\begin{cases} T_1 = P_1 r_1 = Q_1 r_1 \sin(\beta_1 - \rho) \\ T_2 = P_2 r_2 = Q_2 r_2 \sin(\beta_2 + \rho) \end{cases} \tag{1-23}$$

式中，r_1、r_2 为滑块与快、慢转凸轮表面接触点的半径；β_1、β_2 为快、慢转凸轮表面形线的升角或压力角。

每个滑块使快、慢转半轴所受的力 P_1、P_2 分别为

$$P_1 = \frac{T_1}{r_1} = \frac{N_1 r_{\mathrm{r}} \varphi}{r_1 n}$$

$$P_2 = \frac{T_2}{r_2} = \frac{N_2 r_{\mathrm{r}} \varphi}{r_2 n}$$

式中，N_1、N_2 为快、慢转驱动车轮的支承反力；n 为同时参加工作的滑块数。

由 Q_1、Q_2 和 Q 构成的力三角形可知

$$\frac{Q_1}{\sin(90° - (\beta_2 + 2\rho))} = \frac{Q_2}{\sin(90° - (\beta_1 - 2\rho))} = \frac{Q}{\sin(\beta_1 + \beta_2)}$$

代入式(1-23)得到

$$\begin{cases} T_1 = \dfrac{Q r_1 \sin(90° - (\beta_2 + 2\rho)) \sin(\beta_1 - \rho)}{\sin(\beta_1 + \beta_2)} \\ T_2 = \dfrac{Q r_2 \sin(90° - (\beta_2 - 2\rho)) \sin(\beta_2 + \rho)}{\sin(\beta_1 + \beta_2)} \end{cases}$$

由此可得滑块-凸轮式限滑差速器的锁紧系数 K 为

$$K = \frac{T_2}{T_1} = \frac{r_2 \cos(\beta_1 - 2\rho) \sin(\beta_2 + \rho)}{r_1 \cos(\beta_2 + 2\rho) \sin(\beta_1 - \rho)} \tag{1-24}$$

对于双排径向滑块结构，通常有 $\beta_1 = \beta_2$，这就使得其锁紧系数与哪个

车轮是快转或慢转无关。沿轴向安置的单排、双排滑块-凸轮式限滑差速器的结构如图 1-22(c)、(d) 所示，图 1-23 给出了其结构原理简图。一定数目的滑块 2 以精度较高的滑动配合沿半轴 4、7 的方向安置于套环 5 的相应座孔内，而座孔在套环 5 上沿其圆周均匀分布。套环 5 是一个平的圆环，其外缘与差速器壳连接，成为差速器的驱动部分。在左凸轮盘 6 和右凸轮盘 3 的内端面上具有与滑块相作用的凸轮状表面(凸块)。

(4) 凸轮形线及滑块数目的选择。

理论上凸轮形线应是阿基米德螺线，在这种形线上任何一点的径向位移与凸轮转角 α 呈比例关系。沿凸轮转角 α 展开两个相配的凸轮表面的形线，得到折线 a 和 b，如图 1-24 所示。单排径向滑块-凸轮式限滑差速器只有在两个相配凸轮表面上的凸轮数 Z_1 与凸轮槽数 Z_2 不同的情况下才能工作。因此，在内外凸轮表面上每个凸轮和凸轮槽所占的角度应分别为 $2\pi/Z_1$ 和 $2\pi/Z_2$。为便于制造，凸轮和滑块的工作表面常采用圆弧形轮廓。

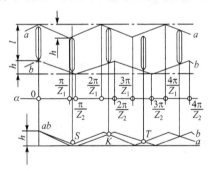

图 1-24 滑块-凸轮式限滑差速器凸轮轮廓线(形线)的展开图

在安置长度为 l 的滑块的地方，两个相配凸轮表面间的径向(当滑块沿径向安置时)距离或轴向(当滑块沿轴向安置时)距离应该是不变的，且应等于 l。在两个相配凸轮表面具有 Z_1 和 Z_2 个凸轮或凸轮槽的差速器中，为了确定滑块数，可以规定当一个滑块位于凸轮表面 a 的凹处和凸轮表面 b 的凸处之间时的位置为转角 α 的坐标原点(图 1-24)。为了确定两个凸轮表面间距离等于滑块长 l 时的转角 α 的各个数值，将两个凸轮表面的轮廓线 a 和 b 放在一起(图 1-24 下部)，这时两条轮廓线 a 和 b 的支点 $S, K, T, \cdots$ 处就是可能安置滑块的地方。利用简单的几何作图不难确定，能安置在主动套(或套环)上单排滑块的最多数目等于两个相配凸轮表面上凸轮数的总和。当安置少于此数的滑块时，为了使作用力能沿差速器圆周均匀分布，滑块数最好选用上述两个相配凸轮表面上凸轮数总和的约数。

当左、右驱动车轮与道路的附着系数之比不超过差速器的锁紧系数 K 时，滑块-凸轮式限滑差速器可自动防止在较滑路面上车轮的滑转。当车轮与路面附着良好时，无论汽车转弯还是在不平路面上行驶，滑块-凸轮式限滑差速器都能保证左、右驱动车轮按汽车运动学的要求正常滚动，此时汽车仍保持转向操纵的灵活性。但滑块-凸轮式限滑差速器结构比较复杂，在零件材料、加工成形、热处理、化学处理等方面均有较高的技术要求，因此制造比较困难，成本较高。

5) 带有常作用式摩擦元件或摩擦式接合装置的圆锥行星齿轮限滑差速器

前述各种限滑差速器有一个共同的特点，即其摩擦力矩随着差速器所传递的载荷的加大而增大，但带有常作用式摩擦元件的圆锥行星齿轮限滑差速器则不然。这种差速器的特点在于：在普通圆锥行星齿轮差速器的结构中增设常作用式摩擦元件，使差速器具有一个大小一定且始终起作用的摩擦力矩，后者使慢转车轮甚至在快转(滑转)车轮驱动力矩为零的情况下仍然具有一定的驱动力矩，这就提高了汽车的防滑能力，但也增大了左、右半轴相对转动的困难(需要克服该摩擦力矩)。

图 1-25 所示是美国 Timken 公司生产的带有摩擦式接合装置的圆锥行星齿轮差速器的结构。摩擦式接合装置犹如差速锁，将右半轴 5 与差速器右壳 1 相连接。但与差速锁的刚性连接不同，此处是通过摩擦式接合装置的 1 组被压簧 6 所压紧的摩擦片 3 之间的摩擦连接的。因此，只要克服由摩擦式接合装置所造成的具有一定大小的摩擦力矩 T_f'，半轴与差速器壳之间或左、右半轴之间就会有相对转动(差速)产生。

在图 1-25 所示的结构中，压簧 6 共有 12 个，而它们所压紧的该组摩擦片是由钢片和青铜片相间排列组成的。钢片以其内花键孔与半轴花键齿相配，而青铜片以其外缘上的键齿与套筒 4 内的键槽相配。套筒 4 与差速器右壳 1 之间又由具有内外花键的连接环 2 相连接。

当汽车在平坦路面上直行即左、右驱动车轮的转速相同时，摩擦式接合装置的摩擦片之间没有相对转动，整个差速器和接合装置作为一个整体转动。但当一个驱动车轮因与地面附着不良而滑转时，摩擦式接合装置的摩擦片之间相对转动，产生了摩擦力矩 T_f'，使得另一驱动车轮(慢转轮)的转矩 T_2 比滑转(快转)车轮上的转矩 T_1 大一个数值，该值除了圆锥行星齿轮差速器本身所产生的内摩擦力矩 T_f 外，还包括 T_f'，即慢转车轮上的转矩为

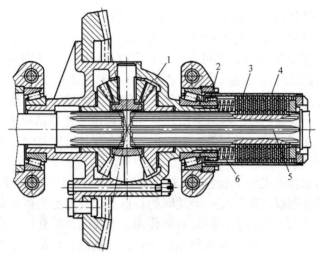

图 1-25　美国 Timken 型带有摩擦式接合装置的圆锥行星齿轮差速器的结构
1-差速器右壳；2-连接环；3-摩擦片；4-套筒；5-右半轴；6-压簧

$$T_2 = T_1 + T_f + T_f'$$

由于 $T_f \ll T_f'$，故 T_f 可略去不计，因此慢转驱动车轮上的转矩为

$$T_2 = T_1 + T_f'$$

式中，T_1 为快转(滑转)驱动车轮上的转矩；T_f' 为摩擦式接合装置所产生的摩擦力矩。

　　改变摩擦式接合装置压簧的压力，可改变摩擦力矩 T_f' 的大小，从而改变转矩在转速不同的左、右驱动车轮之间的分配，以得到预计的差速器锁紧系数。

　　带有常作用式摩擦元件或摩擦式接合装置的圆锥行星齿轮限滑差速器存在如下严重缺点：

　　(1) 差速器锁紧系数 K 的增大受驱动桥轮廓尺寸的限制。已有的这类差速器的锁紧系数 K 多数不大于 1.5，如果要继续增大 K 值，则会引起摩擦式接合装置的尺寸增大，不能与驱动桥的尺寸相适应，也会使驱动桥不适当地加重。

　　(2) 在各种行驶条件下，左、右半轴之间始终存在一个大小一定的摩擦力矩，使差速器对行驶条件的适应性不够理想。汽车在良好路面上行驶时，差速器的摩擦力矩显得过大，使其工作不够柔和，犹如左、右半轴之间为刚性连接。若路况较差，当一个驱动车轮滑转时，又显得差速器的摩擦力矩不足，锁紧系数过低。因此，带有摩擦式接合装置的圆锥齿轮差速器(如 Timken 型)虽在美国、德国、捷克等国的某些载货汽车上有所采用,但没有得到进一步推广。

图 1-26 给出了上述各种不同结构型式的限滑差速器半轴转矩的重新分配特性。

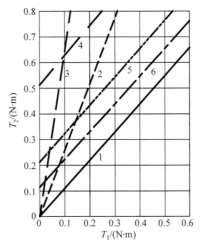

图 1-26   不同结构型式的限滑差速器半轴转矩的重新分配特性

1-白俄罗斯 MA3 厂的带有球面凸缘的圆锥行星齿轮限滑差速器;2-MAK 公司的双排滑块-凸轮式限滑差速器;
3-蜗轮蜗杆式限滑差速器;4-美国 Timken 公司的带有摩擦式接合装置的圆锥行星齿轮限滑差速器;
5-MA3 厂的加装压簧及球面凸缘的圆锥行星齿轮限滑差速器;
6-摩擦式接合装置与左、右半轴之间加装齿轮传动的圆锥齿轮限滑差速器

由图 1-26 所示限滑差速器的半轴转矩重新分配特性可以得出以下结论:

(1) 对锁紧系数仅取决于差速器机构本身内摩擦的限滑差速器来说,导致半轴转矩重新分配的内摩擦力矩随着差速器传递转矩的加大而加大,左、右半轴转矩的重新分配特性由 $T_2 = T_1 / \eta_D$ 决定。这类差速器的特点在于随着快转(滑转)车轮转矩 T_1 的减小,慢转车轮上的转矩 T_2 也成比例地减小;当 $T_1 = 0$ 时,$T_2 = 0$。因此,这类差速器的转矩在左、右半轴间重新分配时,T_2 与 T_1 呈线性关系,且其特性线通过坐标原点。

(2) 对带有常作用式摩擦元件的圆锥行星齿轮限滑差速器来说,导致半轴转矩重新分配的摩擦力矩产生于常作用式摩擦元件或摩擦式接合器,其值与差速器传递载荷无关,为定值。这类差速器的特点在于 T_2 虽然也随着 T_1 的减小而减小,但当 $T_1 = 0$ 时,$T_2 = T_f' \neq 0$。因此,虽然这类差速器的左、右半轴转矩的重新分配特性也是线性的,但其特性线并不通过坐标原点。

2. 转速差感应式限滑差速器

1) 黏性自锁式限滑差速器

黏性自锁式限滑差速器如图 1-27 所示，由普通的单排圆柱行星齿轮结构及与其组合在一起的黏性离合器构成。黏性离合器是一个密封的环形缸筒，内装交替排列并有一定间隙的两组薄片圆盘，其内注满液态动力介质——高黏性硅油，它具有黏度稳定性好、抗剪切性强、抗氧化以及低挥发和闪点高等特性。一组圆盘以其外圈的键齿与其花键毂的键槽相配，因此可分别称为外圆盘和外圆盘毂。另一组圆盘以其内圈的花键孔和与其相配的花键毂的外花键接合，因此可分别称为内圆盘和内圆盘毂。内圆盘毂的花键孔与左半轴的花键相配，行星架的花键孔则与右半轴的花键相配。差速器右半壳的内壁制有齿圈，太阳轮以花键装在内圆盘毂上。主减速器从动齿轮传来的转矩经与其以凸缘及螺栓相固定的差速器壳及齿圈传给差速器。

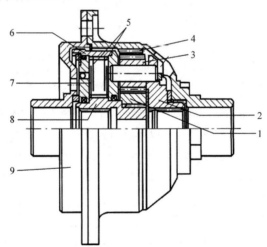

图 1-27　黏性自锁式限滑差速器

1-太阳轮；2-行星架；3-行星齿轮；4-齿圈；5-外圆盘；6-外圆盘毂；
7-内圆盘；8-内圆盘毂；9-差速器左半壳

当汽车直线行驶且左、右驱动车轮转速相同时，由于太阳轮与行星架的转速相同，所以行星齿轮绕太阳轮"公转"，而没有绕行星齿轮轴的"自转"，且它们的转速与差速器壳或齿圈的转速相等，即整个行星结构一起绕太阳轮的轴线旋转，太阳轮、行星轮、行星架、齿圈之间无相对转动。

当汽车转弯行驶或一侧驱动车轮由与地面附着不良而产生滑转导致左、右驱动车轮或左、右半轴有转速差时，太阳轮或内圆盘毂与行星架或外圆盘毂之间将产生相应的转速差，在内、外圆盘之间产生相应的转速差。内、外圆盘间的这种相对转动，使内、外圆盘间的硅油产生黏性剪切力，这种黏性剪切力所形成的力矩，其方向与快转圆盘的旋转方向相反，而与慢转圆盘的旋转方向一致。这就导致快转驱动车轮驱动转矩相应减小，而慢转驱动车轮驱动转矩相应增大，且减小量与增大量相等。犹如驱动转矩由快转轮转移到慢转轮、由滑转车轮转移到非滑转驱动车轮，使汽车的防滑能力及通过性得到提高。

与上述的结构关系及工作原理类似，有的汽车也采用由普通圆锥行星齿轮差速器和黏性离合器构成的黏性自锁式限滑差速器的结构，甚至仅由黏性离合器连接两半轴的黏性差速器的结构，后者更常用作四轮驱动轿车的轴间差速器。

2) 自由轮式限滑差速器

自由轮式限滑差速器与高摩擦式限滑差速器的主要区别在于：它不能像高摩擦式限滑差速器那样根据左、右驱动车轮与地面的附着情况或附着力矩，精确地、按比例地将转矩分配给左、右半轴，而是根据左、右车轮的转速差进行工作，即自由轮式限滑差速器的左、右半轴转矩互不影响，而高摩擦式限滑差速器的左、右半轴转矩是相互影响的。当采用自由轮式限滑差速器时，每一个驱动车轮的牵引力可以在它与道路的附着力变化范围内变化，即从 $G_2 \varphi_{\min} / 2$ 到 $G_2 \varphi_{\max} / 2$。当汽车转弯时，自由轮式限滑差速器自动地将快转驱动车轮的半轴与差速器分开，并将全部转矩都传给慢转驱动车轮，以保证左、右驱动车轮按汽车运动学的要求正常滚动而无滑移或滑转。

根据结构的不同，自由轮式限滑差速器又可分为滚柱式和牙嵌式两种。当滚柱自由轮式限滑差速器用作传递较大转矩的载货汽车差速器时，也会引起较大的接触应力，很难保证足够的使用寿命，因此仅用作传递载荷不大的某些高通过性轿车和小吨位载货汽车的轮间差速器或某些越野汽车的轴间差速器。牙嵌自由轮式限滑差速器经过长期不断地改进，现已具备良好的使用性能，特别是美国 Automotive Products 公司的 Non-Spin 型牙嵌自由轮式限滑差速器，由于具有工作可靠、使用寿命长、锁紧系数不受零件磨损影响、无噪声、在差速器正常工作时半轴转矩变化平稳、制造容易及可与普通圆锥行星齿轮差速器互换等一系列优点，已成为自由轮式限滑差速器的现代推广型。它广泛应用于军用越野汽车、牵引汽车，农用、林区用牵引汽车和载货汽车，矿用自卸汽车，油田和大型建设工地用的载货汽车，工程抢险汽车，消防、扫雪、筑路用的汽车等各种汽车的驱动桥上。现代汽车的许多牙嵌自由轮式限滑差速器都与 Non-Spin 型差速器类似。

(1) 滚柱自由轮式限滑差速器。

图1-28为滚柱自由轮式限滑差速器的结构简图。差速器壳1为自由轮结构的驱动部分，其内表面有弧形浅槽，用于安装滚柱2。差速器壳1内中心位置有2个花键套6，它们分别与左、右半轴3相连接。在花键套6与差速器壳1之间的两个保持架上分别装着左、右排滚柱2。滚柱2以花键套6的外圆柱面定心。

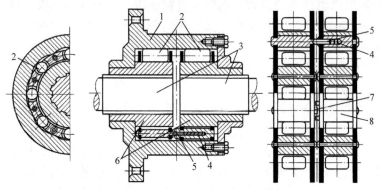

图 1-28　滚柱自由轮式限滑差速器的结构简图
1-差速器壳；2-滚柱；3-半轴；4-弹簧；5-定位销；6-花键套；7-限位块；8-保持架支柱

当汽车直行时，两排滚柱将差速器壳1和花键套6楔住并连成一体。差速器壳上的转矩经滚柱传递给左、右花键套，进而传递给左、右半轴。传给半轴的转矩和该侧车轮与地面的附着情况无关。当汽车转弯时，外侧车轮以及该侧的花键套转得比差速器壳快，这就使得快转车轮一侧半轴的花键套与该侧各滚柱松开并脱离差速器壳，切断来自差速器壳的动力传递，保证了汽车转弯时左、右驱动车轮的差速要求，使左、右驱动车轮按运动学的要求进行滚动。

当汽车转弯时，为了防止比差速器壳转得更快的外侧车轮的半轴花键套将该侧滚柱过多地往前带动而与壳在弧形浅槽的前部楔住，在两排滚柱的保持架之间设有限位块7，以限制两个保持架的相对转动量。限位块7与其对应槽可分别做在两个保持架的一对对应保持架支柱 8 的端面上。精确选择限位块与其对应槽之间的总间隙或两个保持架的相对转动量，就可以保证当慢转车轮一侧的自由轮机构处于完全接合状态时，快转车轮一侧的自由轮机构处于完全分离状态。

为了使汽车在直行一开始时两侧自由轮机构便能同时进入接合而工作，可在它们之间装有定位器。定位器由弹簧 4 及定位销 5 组成，其作用是保证汽车直行时两排——对应的滚柱的几何中心线相重合。

(2) 牙嵌自由轮式限滑差速器。

① 结构分析。

图 1-29 所示为某牙嵌自由轮式限滑差速器的结构。

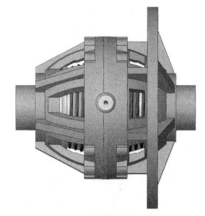

(a) 实体装配图

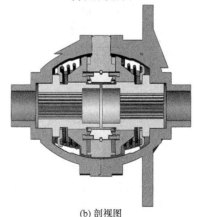

(b) 剖视图

图 1-29　牙嵌自由轮式限滑差速器的结构

　　图 1-30 显示了某载货汽车的牙嵌自由轮式限滑差速器的结构，这类差速器实际上是一种自动牙嵌式离合器。差速器左壳 1、差速器右壳 2 与主减速器从动齿轮用螺栓连接。主动环 3 固定在差速器左、右壳之间，随差速器壳一起转动。主动环是一个带有十字轴的牙嵌圈，在它的两个侧面制有径向排列的牙嵌——沿圆周均匀分布的许多倒梯形(角度很小)断面的径向传力齿，如图 1-31 所示。两侧的传力齿应严格地一一对应，不重合度应为0.03~0.05mm。相应的左、右从动环 4 的外缘内侧面也有类似的倒梯形传力齿与主动环的传力齿相咬合。制成倒梯形齿的目的是防止在传递转矩过程中从动环4与主动环3自动脱开。弹簧5推压左、右从动环4，力图使主、从动环处于接合状态。花键毂7的内外均有键齿，外花键齿与从动环4相连，内花键齿用于连接半轴。在主动环两侧的某一对应位置，各有 1 个加长齿(图 1-31)，它可与主动环做成一体，也可以镶上去。主动环的中间孔内装有中心环 9，为了使中心环在装配时不被主动环的加长齿挡住，在中心环外缘开有 1 个可通过加长齿的槽。主动环与中心环之间采用滑动配合，因此中心

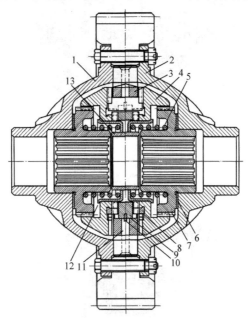

图 1-30　某载货汽车的牙嵌自由轮式限滑差速器的结构

1-差速器左壳；2-差速器右壳；3-主动环；4-从动环；5-弹簧；6-垫圈；7-花键毂；8-消声环；
9-中心环；10-卡环；11-中心环拆卸孔；12-弹簧座；13-隔套

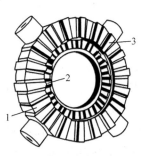

(a) 主动环和中心环   (b) 主动环的实体模型

图 1-31 牙嵌自由轮式限滑差速器的主动环和中心环的结构
1-主动环的传力齿；2-中心环上的齿；3-主动环的加长齿

环相对于主动环可以自由转动。在它们之间由卡环 10 进行轴向定位，受卡环 10 的限制，两者之间不能有轴向的相对移动。装配时可先将卡环套到中心环上的开槽处并将它完全挤入槽里，再将中心环装入主动环的中间孔中，卡环被推至主动环的开槽处便会自动张开。拆卸时可用专门的拆卸用螺纹销由中心环拆卸孔 11 旋入，将卡环完全挤入中心环的槽里，即可推出中心环。在中心环的两侧，也有与主动环两侧齿数相等、断面为梯形并沿圆周均匀分布的径向齿，可分别与左、右从动环内圈的内侧面相应的梯形齿接合。

图 1-32 给出了牙嵌自由轮式限滑差速器内部零部件的装配外形。由图可见，主动环与左、右从动环上的传力齿厚度远远小于其齿槽宽度，因此从动环相对于主动环有一个不大的自由转动量，其值等于齿槽宽与齿厚尺寸的差值。

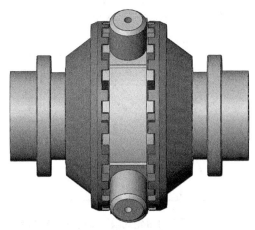

图 1-32 牙嵌自由轮式限滑差速器内部零件的装配外形

　　从动环内圈内侧面上的梯形齿，其齿廓表面为平面，且两齿廓表面的夹角的一半为 20°，构成真正的梯形断面，这与和它相配的中心环的齿廓形状不同。

　　在从动环 4(图 1-30)的内侧，其梯形齿外缘的圆柱表面上装有 1 个具有弹性且有 1 个开口的消声环 8，后者可绕前者转动，但由于轴肩的限制而不能做轴向移动。消声环与其在从动环上的安装圆柱表面之间采用紧配合，对 1mm 的单位配合轴径来说，消声环在自由状态下，轴与孔尺寸的过盈量为 0.03～0.05mm。消声环内侧面梯形齿的齿廓形状和从动环内圈内侧面上的梯形齿一样，齿廓表面为倾斜 20° 的平面，如图 1-33 所示。但其齿厚比从动环上的梯形齿齿厚小 1.2～1.3mm，以便形成易于接合的条件。为了同一目的，其齿尖还要修钝，约削去 0.2mm。消声环的开口应在相邻两齿顶之间。为了限制消声环相对于主动环的转角，主动环的加长齿需要伸到消声环的开口中。开口的宽度应保证当消声环开口端面与主动环加长齿相碰时，消声环上各齿能和中心环上各齿相对齐。从动环上的两种齿应沿半径方向一一对齐，齿数与消声环的齿数相等，也与主动环、中心环上每侧的齿数相同，沿圆周均匀分布。因此，当主动环与从动环的传力齿接合时，结构上应保证中心环和左、右从动环的梯形齿同时接合。设计时应选择好从动环和花键毂的公差与配合，以保证两者之间在手力的推动下既能容易地做相对滑移，又有良好的导向。

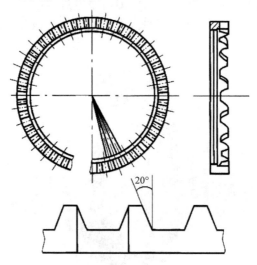

图 1-33　牙嵌自由轮式限滑差速器的消声环

装配完的牙嵌自由轮式限滑差速器不必磨合，但需对其工作性能进行检验。可将差速器壳固定，用一对带花键头的手柄插入左、右花键毂，以代替半轴。检验时按差速器可能有的工况转动手柄，看能否满足汽车差速器运动学方面的要求。

② 工作原理分析。

a. 汽车沿直线向前行驶。牙嵌自由轮式限滑差速器的主动环通过其两侧的传力齿带动左从动环、右从动环、花键毂及半轴一起转动，如图 1-34(a) 所示。此时由主减速器从动齿轮经差速器壳传给主动环的转矩，按左、右驱动车轮所受阻力的大小分配给左、右半轴。当一侧驱动车轮悬空或进入泥泞、冰雪等路面时，主动环的转矩可全部或大部分分配给另一侧的驱动车轮。

b. 汽车沿直线以惯性滑行前进。此工况下牙嵌自由轮式限滑差速器的从动环变为驱动部分，而主动环变为从动部分。两侧的从动环转过传力齿间的间隙后便推动主动环一起旋转，如图 1-34(b) 所示，进而驱动传动系。当汽车被拖动或被推动前进时，情况与此相同。

图 1-34(c)和(d)分别给出了汽车以倒挡沿直线倒车和沿直线滑行倒车时主动环和左、右从动环之间的传动关系。

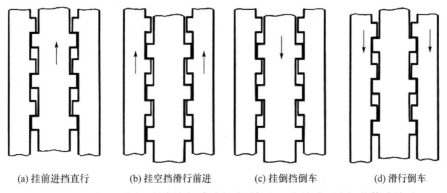

(a) 挂前进挡直行   (b) 挂空挡滑行前进   (c) 挂倒挡倒车   (d) 滑行倒车

图 1-34 汽车以不同工况直线行驶时主动环与左、右从动环之间的传动关系

在上述 4 种直线行驶的条件下，牙嵌自由轮式限滑差速器的全部齿均处于接合状态，在弹簧压力作用下，左、右从动环与主动环接合成一个整体，并以同样的转速旋转。

c. 汽车沿曲线向前驱动行驶或转弯。此工况要求差速器起差速作用，当动力由差速器壳传来时，慢转车轮一侧的从动环只能被主动环带动一起转动，而不会比主动环或差速器壳转得更慢。因此，只有当快转车轮一侧的从动环在快转车轮及其半轴的带动下转速比差速器壳快时，才能起到差速作用。以汽车左转弯为例，如图 1-35 和图 1-36 所示，左转弯时左驱动车轮有慢转趋势，则左从动环和主动环的传力齿之间会压得更紧，于是主动环带动左从动环、左半轴一起旋转，左轮被驱动。而右轮有快转的趋势，即右从动环有相对于主动环快转的趋势，于是在中心环和从动环内圈梯形齿斜面接触力的轴向分力的作用下，从动环压缩弹簧 5(图 1-30)向右移，使从动环上的传力齿与主动环上的传力齿分离，并且由于右从动环上的梯形齿沿着中心环的相应齿滑动，从动环上的传力齿不再与主动环上的传力齿接触，中断对右轮(快转轮)转矩的传递(图 1-36)。

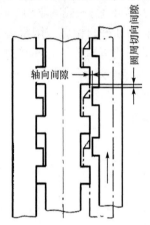
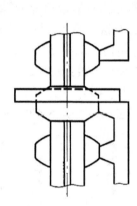

(a) 右从动环与主动环分离时传力齿的相互位置　　(b) 右从动环分离状态下中心环与消声环的相对位置

图 1-35　汽车左转弯时右从动环与主动环的分离

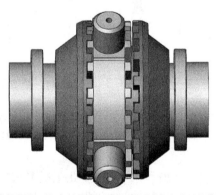

(a) 快转车轮一侧(右侧)的从动环与主动环传力齿的分离过程

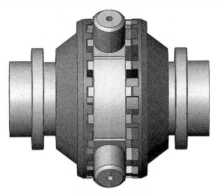

(b) 分离后的相互位置

图 1-36　汽车左转弯时左、右从动环与主动环的相互关系

由图 1-35 可见，传力齿的齿槽宽度应能保证从动环的传力齿从主动环的齿槽中退出并彻底分离而不发生干涉。为此，在差速器的设计中应留有如图 1-35(a) 所示的轴向间隙和圆周切向间隙。轴向间隙通过使梯形齿的齿高大于传力齿的齿高来实现，而圆周切向间隙由中心环的齿形来保证。

在从动环与主动环的分离过程中，随着其梯形齿沿中心环相应齿的滑动，从动环会发生轴向往复运动，由此会引起响声和冲击，加重零件的磨损。为了解决这个问题，在结构设计上增加了一个消声环，其具有一定的弹性并带有梯形齿，安装在从动环的传力齿与梯形齿之间的凹槽中。在右驱动轮或右从动环的转速高于主动环的情况下，消声环与从动环上的梯形齿一起在中心环上的相应齿上滑动，到齿顶彼此相对，且消声环开口一端被主动环上的加长齿挡住(图 1-35(b))，从动环便被消声环顶住而保持在离主动环最远的位置，轴向往复运动不再发生。消声环保证了差速器的无声工作并大大减少了冲击和磨损。当从动环转速降低到主动环的转速时，靠环槽与消声环之间的摩擦力带动消声环反向退回，从动环在弹簧推力的作用下又重新与主动环接合。

由于牙嵌自由轮式限滑差速器在结构上的对称性，左、右转弯时的工作过程及差速效果是完全一样的。在动力驱动下倒车转弯也和前进转弯时的工作过程类似。

d. 汽车在前进挡未摘除的情况下惯性转弯行驶或转弯制动。仍以左转弯为例，此时牙嵌自由轮式限滑差速器的从动环变为驱动件，如图 1-37 所示。处于外侧的右从动环为快转的驱动件，它不仅不会与变为被动件的主动环分离，反而会使其传力齿将主动环的传力齿压得更紧，并带动主动环一起转动。而处于内侧的左从动环为慢转的驱动件，由于其转速低于被快转轮及该侧从动环所带动的主动环，所以在它们之间形成了转速差，这就使左从动环的梯形齿与中心环的相应齿产生相对滑动而分离。汽车在上述工况下反向运动时，差速器件的相互运动关系也是一样的。

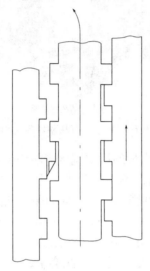

图 1-37　挂挡且惯性转弯行驶或者转弯制动或中央制动时主、从动环之间的运动关系

当汽车既非在前进挡驱动状态下转弯，又非在未摘除前进挡的情况下惯性行驶或者转弯时利用发动机制动或中央制动，而是用空挡滑行转弯且传力齿间无明显摩擦力时，牙嵌自由轮式限滑差速器将产生差速，这可能是外侧从动环或内侧从动环分离的结果。在这种情况下，甚至会发生左、右从动环的传力齿与主动环的左、右传力齿同时脱离接触的情况。

第2章　变速比限滑差速器啮合原理

对在公路上行驶的汽车而言，由于路面状况较好，各驱动车轮与路面的附着系数变化很小，采用普通圆锥齿轮差速器既简单又可靠。但对于经常行驶在泥泞、松软路面或无路地区的军用越野汽车而言，普通圆锥齿轮差速器就不能满足要求了，此时需要装备限滑差速器。

2.1　变速比限滑差速器的限滑原理

变速比限滑差速器不改变普通圆锥齿轮差速器的整体构造，其最大的变化在于齿轮的传动力臂不再是定值，而是在一定范围内呈周期性变化，因此，其两半轴齿轮分配的转矩不再相同，从而实现限滑功能。

2.1.1　结构分析

行驶于公路等良好路面的汽车一般选用普通圆锥齿轮差速器，此类差速器的主要结构如图1-4所示，其圆锥齿轮副节锥示意图如图2-1所示。

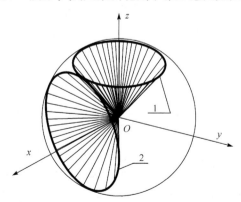

图2-1　定速比圆锥齿轮副节锥示意图

1-行星齿轮；2-半轴齿轮

　　普通圆锥齿轮差速器在啮合传动过程中传动比保持不变，具有应用广泛、构造简单、成本较低等优点。其理论锁紧系数 $K=1$，由于内摩擦小，实际锁紧系数可以达到 1.11～1.35。因此，普通圆锥齿轮的驱动力矩基本上是在两个半轴之间平均分配。

　　变速比限滑差速器的主要结构如图 2-2 所示。此类差速器的两个行星齿轮通过行星齿轮轴相连，并分别与半轴齿轮啮合，两半轴齿轮分别连接左右两个输出端，其原理简图如图 2-3 所示。

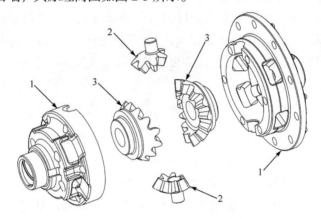

图 2-2　变速比限滑差速器主要结构

1-左、右壳；2-行星齿轮；3-半轴齿轮

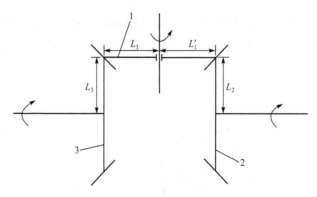

图 2-3　变速比限滑差速器原理简图

1-行星齿轮；2,3-半轴齿轮；L_1-行星齿轮与半轴齿轮左啮合点到行星齿轮轴的距离；L_1'-行星齿轮与半轴齿轮右啮合点到行星齿轮轴的距离；L_2-行星齿轮与半轴齿轮右啮合点到半轴齿轮轴的距离；L_3-行星齿轮与半轴齿轮左啮合点到半轴齿轮轴的距离

2.1.2　工作原理分析

下面以行星齿轮为研究对象，并保持其相对稳定，来说明变速比限滑差速器的工作原理。

左半轴齿轮对行星齿轮作用的周向力为 F_{t1}，产生的转矩为

$$T_{31} = F_{t1} \times L_1 \qquad (2\text{-}1)$$

右半轴齿轮对行星齿轮作用的周向力为 F_{t2}，产生的转矩为

$$T_{21} = F_{t2} \times L_1' \qquad (2\text{-}2)$$

根据力矩平衡，可以得到

$$T_{31} = T_{21} \qquad (2\text{-}3)$$

即

$$F_{t1} \times L_1 = F_{t2} \times L_1' \qquad (2\text{-}4)$$

由牛顿第三定律可知，行星齿轮分别对两半轴齿轮产生方向相反、大小相等的反作用力，即 $-F_{t1}$、$-F_{t2}$。

行星齿轮对左半轴齿轮的转矩为

$$T_{13} = -F_{t1} \times L_3 \qquad (2\text{-}5)$$

行星齿轮对右半轴齿轮的转矩为

$$T_{12} = -F_{t2} \times L_2 \qquad (2\text{-}6)$$

因为

$$i_{31} = \frac{L_1}{L_3}, \quad i_{21} = \frac{L_1'}{L_2} \qquad (2\text{-}7)$$

所以

$$\frac{T_{13}}{T_{12}} = \frac{i_{21}}{i_{31}} = \frac{L_3 \times L_1'}{L_1 \times L_2} \qquad (2\text{-}8)$$

2.1.3　传动比函数及锁紧系数

变速比限滑差速器的行星齿轮与半轴齿轮的传动比函数可表示为

$$i_{21} = \frac{\mathrm{d}\varphi_2}{\mathrm{d}\varphi_1} = \tan\delta_1 \qquad (2\text{-}9)$$

式中，φ_1、φ_2 为行星齿轮和半轴齿轮的转角；δ_1 为行星齿轮锥顶角。

若不计内摩擦，则理论锁紧系数为

$$K = \frac{i_{21\max}}{i_{21\min}} \tag{2-10}$$

对于变速比限滑差速器，式(2-8)中的 i_{21}/i_{31} 根据行星齿轮自转角度的变化进行周期性变化，因此变速比限滑差速器的驱动力矩不再平均分配。由于内摩擦的存在，变速比限滑差速器的锁紧系数将比理论值大，一般在 1.6～3.5 内变化。

为了提高汽车的通过性，要设法增大差速器的锁紧系数，但其值也并不是越大越好。过大的锁紧系数不但对汽车转向操纵的轻便灵活性、行驶的稳定性、传动系的载荷以及轮胎磨损和燃料消耗等产生不同程度的不良影响，而且在某些条件下会使汽车的通过性降低。因此，在设计高通过性汽车的差速器时，必须选择恰当的锁紧系数。表 2-1 为各种限滑差速器的转矩分配比变化范围。

表 2-1　各种限滑差速器的转矩分配比变化范围

方案	普通限滑差速器	高摩擦式限滑差速器	滑块-凸轮式限滑差速器	蜗轮蜗杆式限滑差速器	牙嵌自由轮式限滑差速器	黏性联轴节限滑差速器	差速锁限滑差速器
转矩分配比	1～1.1	1～3.5	1～3.0	1～5.0	1, ∞	1, 2.5	1, ∞
备注	定值	渐变	渐变	渐变	突变	渐变	突变

一般越野汽车的低压轮胎与地面附着系数的最大值 $\varphi_{\max} = 0.7\sim0.8$ (在干燥的柏油或混凝土路面上)，而最小值 $\varphi_{\min} = 0.1\sim0.2$ (在开始融化的冰上)，相差悬殊的附着系数的最大比值为 $\varphi_{\max}/\varphi_{\min} = 0.8/0.1 = 8$。因此，为了充分利用汽车的牵引力，差速器的锁紧系数实际上选定 8 就已足够。在不好的道路或无路地区的汽车行驶试验表明，各驱动车轮与地面附着系数的不同数值之比一般为 3～4。因此，选取差速器的锁紧系数 $K = 3\sim4$ 是合适的。在这种情况下，汽车的通过性可以得到显著提高。

经过较长时间的研究，本书作者建立了一种非圆锥齿轮副的传动比函数模型，表示为

$$i_{21} = \frac{z_1}{z_2}\left(1 - c\sin\left(3\varphi + \frac{3\pi}{2}\right)\right) \tag{2-11}$$

式中，z_1、z_2 为行星齿轮和半轴齿轮的齿数；c 为常数，与锁紧系数有关，$c = 0$ 表示定速比圆锥齿轮副。

依据式(2-10)，其理论锁紧系数可表示为

$$K = \frac{1+c}{1-c} \tag{2-12}$$

针对某型越野汽车，选取 $z_1/z_2 = 0.75$，$c = 0.3$，由式 (2-12) 求得 $K = 1.857$。考虑内摩擦，实际锁紧系数为 2.061～2.507。其非圆锥齿轮副节锥示意图如图 2-4 所示。

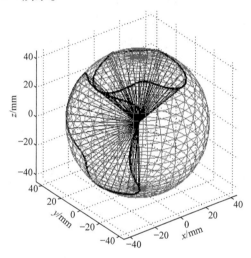

图 2-4　非圆锥齿轮副节锥示意图 ($z_1 / z_2 = 0.75$，$c = 0.3$)

2.2　直齿非圆锥齿轮限滑差速器

圆锥齿轮用于传递相交轴之间的运动和动力，其传动原理相当于一对节锥的纯滚动。啮合过程中，齿廓上的点与锥顶距离保持不变，故其齿形曲线是以锥顶为球心的球面曲线，由于球面与平面不能等距对应，理论分析与设计、制造均十分困难。对于普通圆锥齿轮传动，其节锥为圆锥，节锥与球面交线为圆，设计和加工均以背锥原理为基础，将锥齿轮大端的节

圆展成平面圆弧段,并以之为节圆,借鉴圆柱齿轮的有关原理进行分析与设计,将平面齿形投影到球面上作为球面齿形。加工时,刀具及运动也按上述原理实施。显然,这是一种近似方法,因为将平面齿形直接投影到球面上作为球面齿形存在原理误差,无法准确满足啮合基本定律。这也间接导致目前的各种圆锥齿轮传动(直齿、弧齿、摆线齿),无论什么制式(格里森(Gleason)制、奥利康(Oerlikon)制、克林根贝格(Klingelnberg)制)均对误差极为敏感,都对加工与装配技术要求很高。对于非圆锥齿轮传动,情况则更为复杂。节圆锥为非圆锥,与球面交线为非圆球面节曲线,不存在背锥,背锥原理将无法应用。

目前非圆锥齿轮副的设计方法有两种,第一种是直接在球面上进行,思想简单、直接,但球面几何理论深奥难懂,分析计算复杂,一般工程技术人员难以掌握,且目前的研究基本上限于渐开线齿形,有时甚至要求非圆锥齿轮的节曲线满足凸性条件。实践中,由于非圆锥齿轮应用场合及性能要求特殊,渐开线齿形往往无法满足要求,例如,很难设计出齿数≤6、传动比变化幅度≥60%的渐开线非圆锥齿轮副,必须采用其他曲线。第二种是借鉴背锥原理的思想,将复杂的球面啮合问题转化成平面啮合问题。

经过近十几年的深入研究,本书作者提出一种基于保测地曲率映射的非圆锥齿轮啮合的分析方法,即先利用微分几何原理,将球面节曲线在平面上伸展作为平面当量节曲线,然后以之为基础进行齿形分析与设计,最后利用反向映射,将设计出的平面齿形直接映射回球面形成圆锥齿轮齿廓。具体方法如下:对节曲线进行直接映射,无论是从球面到平面的正向映射,还是从平面到球面的反向映射,均保持曲线本身的测地曲率不变,这样就能保证一对节曲线进行纯滚动。但对于齿形,则不能直接映射,而是利用齿形法线法原理,将节曲线上的点与齿形对应点之间的法线段进行映射,平面上的直线段对应球面上的大圆弧段,从而间接生成齿廓,这样就可以保证平面齿形与球面齿形均能准确满足啮合基本定律,不再有原理误差。尽管表面上齿形发生了变形,但本质上把啮合关系保留了下来。这种原理与方法既适用于圆锥齿轮传动,又适用于非圆锥齿轮传动,且不限于渐开线齿形,具有普适性。该方法可以看成圆锥齿轮背锥原理的推广,简单实用,已在实践中得到有效应用,可以升华为一种理论。

2.2.1　传动原理

图 2-5 为圆锥齿轮传动示意图。图中

$$\Sigma = \delta_1 + \delta_2 \tag{2-13}$$

其传动比为

$$i_{21} = \frac{\mathrm{d}\varphi_2}{\mathrm{d}\varphi_1} = \frac{\omega_2}{\omega_1} \tag{2-14}$$

式中，φ_1、φ_2 为两齿轮转角；δ_1、δ_2 为两齿轮节锥角；ω_1、ω_2 为两齿轮转速。

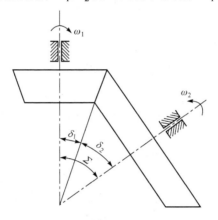

图 2-5　圆锥齿轮传动示意图

对于定传动比传动，δ_1、δ_2 均为定值，其运动相当于一对节圆锥的纯滚动，如图 2-1 所示。而对于变传动比传动，δ_1、δ_2 变成 φ_1(或 φ_2)的函数，其运动相当于一对非圆节锥的纯滚动，如图 2-4 所示。节锥与球面的交线称为球面节曲线，其方程可表示为

$$\begin{cases} \boldsymbol{r}_1 = r_0 \sin\delta_1 \cos\varphi_1 \boldsymbol{i}_1 + r_0 \sin\delta_1 \sin\varphi_1 \boldsymbol{j}_1 + r_0 \cos\delta_1 \boldsymbol{k}_1 \\ \boldsymbol{r}_2 = r_0 \sin\delta_2 \cos\varphi_2 \boldsymbol{i}_2 + r_0 \sin\delta_2 \sin\varphi_2 \boldsymbol{j}_2 + r_0 \cos\delta_2 \boldsymbol{k}_2 \end{cases} \tag{2-15}$$

式中，r_0 为球面半径；其他参数意义同上。

圆锥齿轮转动时，其上任一点与锥顶的距离保持不变，因此该点与另一圆锥齿轮的相对运动轨迹为一球面曲线。因球面不能展开成平面，故设计计算和制造都很困难。对于定速比(即圆锥)齿轮传动，节锥是圆锥，球面节曲线为一圆，齿廓曲线为球面圆渐开线。尽管齿廓曲线不能展开成平面曲线，但球面节曲线可以展开成平面曲线，所采用的方法就是在圆锥齿轮副的大端绘制背锥，如图 2-6 所示。由于背锥面上的齿高部分与球面上

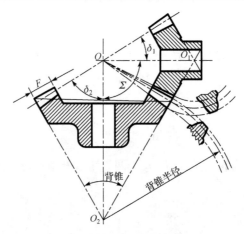

图 2-6　背锥原理示意图

的齿高部分非常接近，可以认为一对直齿圆锥齿轮的啮合近似于背锥面上的齿廓啮合。由于圆锥面可展开成平面，最终可以把球面圆渐开线简化成平面曲线，应用圆柱齿轮传动的有关原理进行近似分析。

对于变速比(即非圆锥)齿轮传动，情况则复杂得多。节圆锥已不再是圆锥，球面节曲线也不再是圆，根本不存在背锥，无法直接在平面上展开研究，本书作者提出的基于保测地曲率映射的非圆锥齿轮啮合的分析方法，为非圆锥齿轮的深入研究开辟了一条全新的技术路线。

2.2.2　当量齿轮节曲线生成原理

1. 保测地曲率映射原理

根据微分几何理论，曲面 Σ 上的曲线 Γ 可以转换成平面曲线 Γ'，平面上曲线 Γ' 的相对曲率与曲面 Σ 上曲线 Γ 的测地曲率相等，这就是保测地曲率映射原理：

$$\kappa_g = \kappa_r \tag{2-16}$$

式中，κ_g 为球面曲线的测地曲率；κ_r 为平面曲线的相对曲率。

球面可用极坐标表示为

$$\boldsymbol{r} = \{r_0 \sin\delta \cos\varphi, \; r_0 \sin\delta \sin\varphi, \; r_0 \cos\delta\} \tag{2-17}$$

式中，r_0 为球面半径；δ、φ 为球面参数，$-\pi/2 \leqslant \delta \leqslant \pi/2$，$0 \leqslant \varphi \leqslant 2\pi$，分别表示纬度和经度。

对于球面曲线，有

$$R\tau + \frac{\mathrm{d}}{\mathrm{d}s}\left(\frac{\dot{R}}{\tau}\right) = 0 \qquad (2\text{-}18)$$

式中，$R = 1/\kappa$，κ 为球面曲线曲率；τ 为球面曲线挠率。

显然，τ 是 κ 关于 s 的函数，按照空间曲线论定理，给定 κ 及初始条件，球面曲线将被唯一地确定。

在球面上，有

$$\kappa^2 = \kappa_{\mathrm{n}}^2 + \kappa_{\mathrm{g}}^2 \qquad (2\text{-}19)$$

式中，κ_{n} 为球面沿曲线的法曲率，$\kappa_{\mathrm{n}} = 1/r_0$；$\kappa_{\mathrm{g}}$ 为球面曲线的测地曲率。

显然，κ 由 κ_{g} 确定。

2. 当量齿轮节曲线的生成

根据刘维尔(Liouville)公式，球面曲线的测地曲率为

$$\kappa_{\mathrm{g}} = \frac{\mathrm{d}\tau}{\mathrm{d}s} - \frac{1}{2\sqrt{G}}\frac{\partial \ln E}{\partial \varphi}\cos\tau + \frac{1}{2\sqrt{E}}\frac{\partial \ln G}{\partial \delta}\sin\tau \qquad (2\text{-}20)$$

式中，E、G 为球面的第一类基本量，$E = \left\|\boldsymbol{r}_\delta\right\|^2 = r_0{}^2$，$G = \left\|\boldsymbol{r}_\varphi\right\|^2 = r_0{}^2\sin^2\delta$。

化简式(2-20)，可得

$$\kappa_{\mathrm{g}} = \frac{\mathrm{d}\gamma}{\mathrm{d}s} - \cos\delta\frac{\mathrm{d}\varphi}{\mathrm{d}s} \qquad (2\text{-}21)$$

式中，γ 为球面曲线和经线的交角。

根据平面曲线论的唯一存在定理，给定一个 $[s_0, s_1]$ 的连续函数 $\kappa_{\mathrm{r}}(s)$，平面上一个初始点 $\boldsymbol{r}(s_0) = x_0\boldsymbol{i} + y_0\boldsymbol{j}$ 和初始方向 $\boldsymbol{r}(s_0) = \boldsymbol{\alpha}(s_0) = \boldsymbol{\alpha}_0 = \cos\varphi_0\boldsymbol{i} + \sin\varphi_0\boldsymbol{j}$，则存在唯一一条平面有向曲线：

$$\boldsymbol{r} = \boldsymbol{r}(s) = x(s)\boldsymbol{i} + y(s)\boldsymbol{j}, \quad s_0 \leqslant s \leqslant s_1 \qquad (2\text{-}22)$$

式中，s 为弧长。

$\kappa_{\mathrm{r}}(s)$ 为相对曲率，且有

$$\begin{cases} \psi(s) = \displaystyle\int_{s_0}^{s_1} \kappa_{\mathrm{r}}(s)\mathrm{d}s + \psi_0 \\[2mm] x(s) = \displaystyle\int_{s_0}^{s_1} \cos\psi\,\mathrm{d}s + x_0 \\[2mm] y(s) = \displaystyle\int_{s_0}^{s_1} \sin\psi\,\mathrm{d}s + y_0 \end{cases} \qquad (2\text{-}23)$$

式中，ψ 为节曲线上任一点的切线与 x 轴的夹角。

　　上述方法相当于一种映射，即在球面与平面之间建立一种一一对应的关系。

　　通过计算，某型越野汽车差速器的当量齿轮节曲线如图 2-7 所示，当量齿轮节曲线纯滚动示意图如图 2-8 所示。

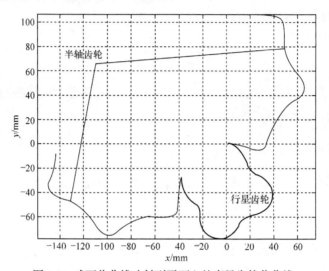

图 2-7　球面节曲线映射到平面上的当量齿轮节曲线

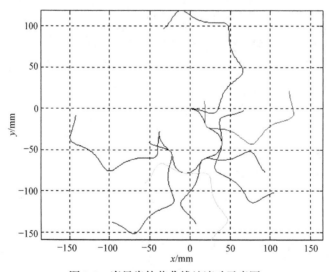

图 2-8　当量齿轮节曲线纯滚动示意图

2.2.3 齿形生成原理

1. 平面当量齿形的生成

以当量节曲线为基础，可以进行齿形研究。下面以渐开线齿形为例进行说明。

如图 2-9 所示，先看右齿形，假设圆锥齿轮节曲线已给出，a 为其上一点，则齿形上相应点 b 的方程可写为

$$\boldsymbol{r}_b = \boldsymbol{r}_a + \boldsymbol{l}_{ab} \tag{2-24}$$

式中，$\boldsymbol{r}_a$ 为节曲线上 a 点处的矢径；$\boldsymbol{l}_{ab}$ 为齿形上 b 点的法矢量。

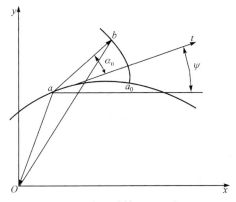

图 2-9 齿形计算原理示意图

根据齿形法线法原理，有

$$l_{ab} = \overset{\frown}{a_0 a} \cos \alpha_{\mathrm{n}} = s \cos \alpha_{\mathrm{n}} \tag{2-25}$$

式中，α_{n} 为齿条刀具齿形角。

从节曲线的形成原理可知

$$\frac{\mathrm{d}y}{\mathrm{d}x} = \tan \psi \tag{2-26}$$

即节曲线上任一点的切线方向 t 与 x 轴的夹角为 ψ，根据渐开线齿形加工原理，矢量 $\boldsymbol{l}_{ab}$ 与 x 轴的夹角为 $\alpha_{\mathrm{n}} + \psi$，代入式(2-23)即可得右齿形方程为

$$\begin{cases} x_b = x_a + s \cos \alpha_{\mathrm{n}} \cos(\alpha_{\mathrm{n}} + \psi) \\ y_b = y_a + s \cos \alpha_{\mathrm{n}} \sin(\alpha_{\mathrm{n}} + \psi) \end{cases} \tag{2-27}$$

同理，可得出左齿形方程为

$$\begin{cases} x_b = x_a + s\cos\alpha_n \cos(\alpha_n - \psi) \\ y_b = y_a + s\cos\alpha_n \sin(\alpha_n - \psi) \end{cases} \tag{2-28}$$

将上述方法用于配对圆锥齿轮，即可求出对应齿槽齿形。

传动过程中配对轮齿与齿槽之间存在对应关系，进行齿形设计时可充分利用这一特点。例如，可以根据各个齿的不同情况设计成不同的压力角或齿厚，以满足强度或其他方面的要求。需要说明的是，上述方法不只限于渐开线齿形，当其齿形不是渐开线时，其方程可写成如下坐标式：

$$\begin{cases} x_b = x_a + l_{ab}\cos(\psi + \alpha) \\ y_b = y_a + l_{ab}\sin(\psi + \alpha) \end{cases} \tag{2-29}$$

式中，$l_{ab} = \left| \vec{ab} \right|$。

2. 球面齿形的生成

前面已说明，平面节曲线与球面节曲线上的点一一对应，因此可以在球面节曲线上方便地找到图 2-9 中 a 点的对应点 A，如图 2-10 所示。按照上述映射原理，平面直线段 $\overline{ab}$ 对应球面大圆弧段 $\overset{\frown}{AB}$，弧长不变，方向已知，则 B 点可得。以此类推，即可求出整个齿形（$\overset{\frown}{A_0B}$ 为其一部分，A_0 为齿形与节曲线交点，对应于图 2-9 中的 a_0）。

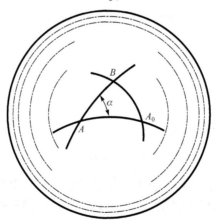

图 2-10 球面齿形节曲线

对于平面啮合，基本定律可表示为

$$v^{12} \cdot \boldsymbol{n} = 0 \tag{2-30}$$

式中，v^{12} 为共轭齿廓啮合点的相对速度；n 为齿廓法线方向矢量。式(2-30)表示共轭齿廓在传动的任一瞬时，其在接触点的公法线必然通过该瞬时的瞬心(节点)。

对于球面齿形，大圆弧 $\overset{\frown}{AB}$ 可以视为接触点的公法线，通过啮合节点 A，显然满足球面啮合基本定律。

需要特别指出的是，虽然 $\overset{\frown}{A_0B}$ 与 $\overset{\frown}{a_0b}$ 上的点一一对应，但两曲线并不满足保测地曲率映射。这点可以通过构造球面 $\triangle ABA_0$ 并与平面 $\triangle aba_0$ 进行映射对比看出，如果保证大圆弧 $\overset{\frown}{AB}$ 和 $\overset{\frown}{AA_0}$ 分别为 $\overline{ab}$ 和 $\overline{aa_0}$ 的映射，且保持夹角不变，则 $\overline{a_0b}$ 就不能映射成大圆弧 $\overset{\frown}{A_0B}$，由于球面三角形内角和大于 $180°$，具体映射结果与 $\overline{a_0b}$ 起点选择有关。

图 2-11 和图 2-12 所示分别为按照本书方法完成的非圆锥齿轮副的实体模型和样件，其主要参数见图 2-4 中的说明。

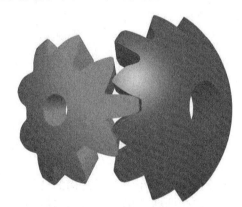

图 2-11 非圆锥齿轮副的实体模型

图 2-12 非圆锥齿轮副的样件

2.2.4　球面欧拉-萨瓦里方程

应用保测地曲率映射的概念及方法，可以在球面与平面之间建立对应关系，得出球面节曲线与平面节曲线、球面齿形与平面齿形之间的映射关系。研究中发现在传动机理上，二者能够实现准确对应。球面欧拉-萨瓦里(Euler-Savary)方程与平面欧拉-萨瓦里方程也完全对应，二者具有统一的形式，只是要用球面曲线的测地曲率半径代替平面曲线的相对曲率半径。

1. 欧拉-萨瓦里方程简介

欧拉-萨瓦里方程是关于平面齿轮啮合的经典公式，表明了一对平面啮合齿轮的两共轭齿形的曲率半径与节曲线曲率半径之间的关系，在齿轮设计计算、分析等方面均具有重要价值。该公式还在机构分析，特别是曲率理论研究方面有重要应用。

对于空间啮合齿轮与空间机构，是否还存在类似的欧拉-萨瓦里方程，多年来一直是许多学者关注的热点问题，目前已取得了一些进展。N. Ito 和 K. Takahashi 给出了将欧拉-萨瓦里方程推广到交错轴锥齿轮啮合的情况。D. B. Dooner 和 M. W. Griffis 给出了包络面的空间欧拉-萨瓦里方程，将平面共轭曲线之间的曲率关系推广到空间共轭曲面。但上述公式比较复杂，与平面欧拉-萨瓦里方程相去甚远，不利于应用。王德伦等从连杆机构运动轨迹分析入手，建立了机构运动几何学的统一曲率理论，给出了平面及空间运动连杆点轨迹的欧拉-萨瓦里方程，并将球面作为空间的特例进行了分析。

球面作为平面到空间的桥梁与纽带，本身具有许多独特性质，一些机构如锥齿轮、球面连杆机构等，作为空间机构的特例，其典型特征就是机构本身及运动轨迹均为球面曲线。因此，对球面机构曲线曲率的关系进行专门研究具有理论与应用价值。

2. 平面欧拉-萨瓦里方程

图 2-13 显示了平面齿轮啮合原理，其节曲线与齿形之间存在欧拉-萨瓦里方程：

$$\frac{1}{r_1} + \frac{1}{r_2} = \left(\frac{1}{\rho_1 + x} + \frac{1}{\rho_2 - x} \right) \sin \alpha \tag{2-31a}$$

$$\frac{1}{r_1} + \frac{1}{r_2} = \left(\frac{1}{\rho_1 - x} + \frac{1}{\rho_2 + x} \right) \sin \alpha \tag{2-31b}$$

式中，r_1、r_2 为两节曲线曲率半径；ρ_1、ρ_2 为两共轭齿形曲率半径；x 为齿形共轭点到啮合节点的距离；α 为齿形法线与节曲线公切线的夹角(齿形角)。

式(2-31a)表示啮合点在节点右边，式(2-31b)表示啮合点在节点左边。

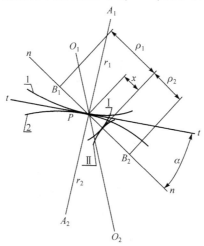

图 2-13　平面齿轮啮合原理

特别说明，式(2-31)不只限于定传动比传动，对于平面非圆柱齿轮传动同样适用。图 2-13 为非定速比传动的示意图，图中，O_1、O_2 分别表示两齿轮回转中心，1、2 分别表示两齿轮节曲线，A_1、A_2 分别表示两齿轮节曲线曲率中心，Ⅰ、Ⅱ 分别表示两齿轮齿形，t—t 表示两节曲线公切线，n—n 表示齿形公法线，B_1、B_2 分别表示齿形曲率中心，P 表示节点。

3. 球面与平面的映射关系

前文已对球面与平面之间曲线的映射关系进行了论述，下面以渐开线映射为例进行深入分析。

图 2-14 为渐开线形成原理示意图，其中，图 2-14(a) 为平面渐开线形成原理示意图，图 2-14(b) 为球面渐开线形成原理示意图。按照上述映射原理，平面圆弧段 $\overset{\frown}{ac}$ 对应球面小圆弧段 $\overset{\frown}{AC}$，直线段 $\overline{bc}$ 对应球面大圆弧段 $\overset{\frown}{BC}$，平面渐开线 $\overset{\frown}{ab}$ 对应球面曲线 $\overset{\frown}{AB}$，相对应段的弧长相等，且大圆弧 $\overset{\frown}{BC}$ 与小圆弧 $\overset{\frown}{AC}$ 相切，与 $\overset{\frown}{AB}$ 交成直角，可见，球面曲线 $\overset{\frown}{AB}$ 正好是球面渐开线。对于非圆渐开线，此结论也成立，即球面渐开线与平面渐开线之间满足保测地曲率映射原理。

采用背锥原理用平面渐开线齿形代替圆锥齿轮球面齿形进行相关设计是一种近似处理，而利用保测地曲率映射原理，完全可以求得准确的球面渐开线齿形，如图 2-15 和图 2-16 所示。

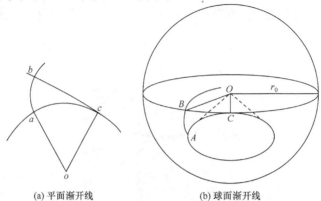

(a) 平面渐开线　　　　　(b) 球面渐开线

图 2-14　渐开线形成原理示意图

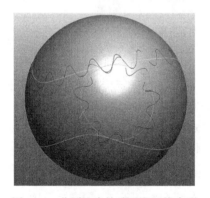

图 2-15　非圆锥齿轮球面渐开线齿形

图 2-16　非圆锥齿轮球面渐开线齿形实体模型

4. 球面欧拉-萨瓦里方程

按照上述映射原理，欧拉-萨瓦里方程在球面上依然成立，只是要以测地曲率半径代替式(2-31)中的平面曲线相对曲率半径，即

$$\frac{1}{r_{g1}} + \frac{1}{r_{g2}} = \left(\frac{1}{\rho_{g1} \pm x} + \frac{1}{\rho_{g2} \mp x} \right) \sin \alpha \qquad (2-32)$$

式中，r_{g1}、r_{g2} 为两节曲线测地曲率半径；ρ_{g1}、ρ_{g2} 为两共轭齿形测地曲率半径；x 为齿形共轭点到啮合节点的球面距离(弧长)；α 为齿形法线大圆弧与节曲线公切线大圆弧的夹角(齿形角)。

与平面欧拉-萨瓦里方程类似，球面欧拉-萨瓦里方程也具有重要应用价值，下面以齿形设计为例进行阐述。设某齿形由 $\widehat{ab}$、$\widehat{bc}$ 两段曲线组成，如图 2-17 所示，齿形 1 上 $\widehat{a_1b_1}$ 是半径为 l_1 的圆弧，相应地，共轭齿形 2 上，对应段 $\widehat{a_2b_2}$ 为满足给定传动比关系的共轭齿形，齿形 2 上 $\widehat{b_2c_2}$ 是半径为 l_2 的圆弧，齿形 1 上 $\widehat{b_1c_1}$ 为其共轭齿形，为保证齿形曲率连续，在连接点 $b(b_1, b_2)$，可以应用欧拉-萨瓦里方程求出 l_1 与 l_2 的关系。

下面仍以上述实例为例进行介绍。对某一齿，在单位球面上，设 $l_1 = 0.5$，利用式(2-32)可以求得 $r_{g1} = 0.4466$，$r_{g2} = 5.4176$，给定 $\alpha = 27°$，并取齿形与节曲线相交处为 $b\,(x = 0)$，代入式(2-32)可求出 $l_2 = 0.2995$。齿形曲率如图 2-18 所示。

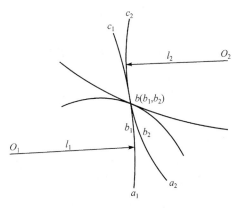

图 2-17　共轭齿形设计原理

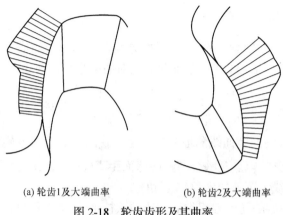

(a) 轮齿1及大端曲率　　　　　　(b) 轮齿2及大端曲率

图 2-18　轮齿齿形及其曲率

2.3　螺旋非圆锥齿轮限滑差速器

螺旋齿轮相对于直齿轮具有如下优势：①具有良好的啮合性能。轮齿进入啮合和离开啮合是渐进渐退的过程，传动过程中冲击及噪声较小；同时，此类结构也减轻了加工误差对传动性能的不良影响。②承载能力强。齿轮啮合的重合度大，能够减小齿轮轮齿的负载，从而提升轮齿的承载性能，并使齿轮传动更加平稳，寿命更长。③结构紧凑。在不出现根切现象的前提下，螺旋齿轮可以拥有比直齿轮更少的齿数。

本节介绍的变速比限滑差速器使用的半轴齿轮和行星齿轮均为螺旋非圆锥齿轮。应用螺旋非圆锥齿轮是对变速比限滑差速器的优化和创新，将明显提高越野车辆在恶劣路面上的通过性，提升车辆的稳定性和载重性能。目前国内外对此方面内容的研究极少，对螺旋非圆锥齿轮的研究具备一定的前瞻性，具有较高的理论研究意义及工程应用价值。

2.3.1　工作原理

非圆锥齿轮副的相对位置如图 2-19 所示，图 2-19(a) 中齿轮副处于平衡位置，图 2-19(b) 中齿轮副处于差速位置。依据变速比限滑差速器原理可知，当车辆正常行驶时，$L_1 = L_1'$、$L_2 = L_3$，差速器处于平衡状态，不进行差速。当左侧驱动轮出现打滑时，其转速大于右侧驱动轮，行星齿轮就会因两驱动轮间的转速差而自动进行顺时针旋转，此时，$L_1 > L_1'$、$L_2 > L_3$，因此左侧驱动轮获得较小的转矩，右侧驱动轮获得较大的转矩。同理可得，当右侧驱动轮出现打滑时，右侧驱动轮获得较小的转矩，左侧驱动轮获得较大的转矩。

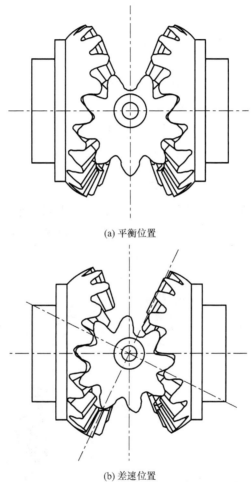

(a) 平衡位置

(b) 差速位置

图 2-19 非圆锥齿轮副相对位置

2.3.2 行星齿轮齿形设计

非圆锥齿轮副是变速比限滑差速器的核心构件，其节曲线比较复杂，无法采用背锥展开的方式进行设计。本节基于 2.2 节中介绍的保测地曲率映射原理进行设计。

1. 节锥曲面

圆锥齿轮副传动的实质是节锥间的纯滚动运动，变速比限滑差速器行星齿轮及半轴齿轮的节锥均不再是标准的圆锥，而是根据传动比函数模型计算出的非圆锥。

联立式(2-9)和式(2-11)，φ_2、δ_1、δ_2 分别可以用 φ_1 表示，即

$$\begin{cases} \varphi_2 = \dfrac{z_1}{z_2}\varphi_1 + \dfrac{z_1}{z_2}c\cos\left(\varphi_1 + \dfrac{3\pi}{2}\right) \\ \delta_1 = \arctan\left(\dfrac{z_1}{z_2}\left(1 - c\sin\left(\varphi_1 + \dfrac{3\pi}{2}\right)\right)\right) \\ \delta_2 = \operatorname{arccot}\left(\dfrac{z_1}{z_2}\left(1 - c\sin\left(\varphi_1 + \dfrac{3\pi}{2}\right)\right)\right) \end{cases} \tag{2-33}$$

将式(2-33)代入式(2-15)能够获得行星齿轮和半轴齿轮关于 φ_1 的节曲线方程。取 $c=0.4$，$z_1=9$，$z_2=18$，从而得到两非圆锥齿轮的节锥曲面，如图 2-20 所示。

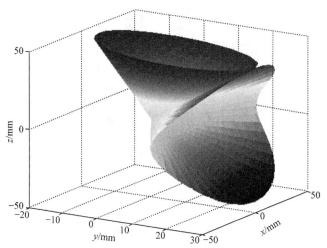

图 2-20　螺旋非圆锥齿轮副节锥曲面

2. 平面当量节曲线及当量齿形

基于式(2-19)～式(2-23)，利用 MATLAB 软件进行程序编写和数值计算，即可绘制出非圆锥齿轮副平面当量节曲线，如图 2-21 所示。

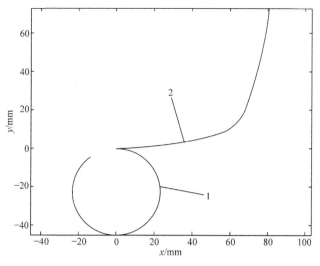

图 2-21 平面当量节曲线
1-行星齿轮；2-半轴齿轮

利用解析法，根据平面当量节曲线的计算公式(2-24)~(2-28)，可获得当量齿形方程。依据获得的平面当量节曲线及当量齿形，基于非圆柱齿轮的相关理论，能够继续对非圆锥齿轮的压力角、重合度等进行深入研究。

3. 球面齿形

在当量节曲线上完成当量齿形设计后，需要将其重新映射到球面上，从而获得球面齿形方程。该过程是保测地曲率映射的一个逆过程，球面节曲线与平面当量节曲线的保测地曲率相互对应，不需要进行重新计算。

平面齿形曲线相对曲率的计算公式为

$$k_r(s) = \frac{dx}{ds}\frac{d^2 y}{ds^2} - \frac{d^2 x}{ds^2}\frac{dy}{ds} \tag{2-34}$$

假设球面齿形曲线是 $\boldsymbol{r}(s)$，s 是对应的弧长，$\boldsymbol{T}(s)$ 是切矢量，此时，位置参数可以表示为 $(\delta(s),\varphi(s))$。根据泰勒(Taylor)公式对曲线进行展开，能够获得目标曲线在微小区间内的二阶位置逼近：

$$\boldsymbol{r}(s+ds) = \boldsymbol{r}(s) + ds\boldsymbol{T}(s) + \frac{ds^2}{2}\frac{d\boldsymbol{T}}{ds} \tag{2-35}$$

根据空间曲线的弗莱纳(Frenet)公式，可以得到

$$\frac{d\boldsymbol{T}}{ds} = \kappa_g \boldsymbol{n} \times \boldsymbol{T} + \kappa_n \boldsymbol{n} \tag{2-36}$$

式中，n 为球面指向球心的单位法矢量；κ_g 为目标曲线上对应点的测地曲率；κ_n 为目标曲线上对应点的法曲率。

根据以上原理，求出的对应点一般情况下并不严格落在球面上，而是落在球面的附近，因此需要将它们向球面进行投影，获得球面上的对应点，并以这些点作为最终齿形点，获得球面齿形。

4. 齿顶曲线和齿根曲线

从理论上来讲，螺旋非圆锥齿轮的齿顶曲线及齿根曲线均为节曲线的法向等距线，如图 2-22 所示。在实际设计中，为了得到齿侧间隙或满足某种传动要求，需要对轮齿进行修形。

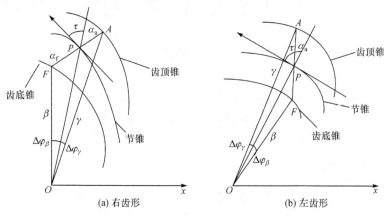

图 2-22　齿顶曲线、齿根曲线示意图

齿顶曲线及齿根曲线的计算方法如下。

齿顶锥 $\gamma = \gamma(\varphi_\gamma)$ 可以表示为

$$\cos\gamma = \cos\delta\cos\alpha_a - \sin\delta\sin\alpha_a\sin\tau \tag{2-37}$$

齿根锥 $\beta = \beta(\varphi_\beta)$ 可以表示为

$$\cos\beta = \cos\delta\cos\alpha_f + \sin\delta\sin\alpha_f\sin\tau \tag{2-38}$$

式中，α_a 为齿顶高对应的角；α_f 为齿根高对应的角；τ 为切线的方位角，即球面节曲线与经线的夹角：

$$\tan\tau = \frac{\sin\delta}{\delta'(\varphi)} \tag{2-39}$$

因此可以得到

$$\cos\Delta\varphi_\gamma = \frac{\cos\alpha_a - \cos\delta\cos\gamma}{\sin\delta\sin\gamma} \tag{2-40}$$

$$\cos\Delta\varphi_\beta = \frac{\cos\alpha_f - \cos\delta\cos\beta}{\sin\delta\sin\beta} \tag{2-41}$$

当 $\tau < \dfrac{\pi}{2}$ 时，取 $\varphi_\gamma = \varphi - \Delta\varphi_\gamma$，$\varphi_\beta = \varphi + \Delta\varphi_\beta$；当 $\tau > \dfrac{\pi}{2}$ 时，取 $\varphi_\gamma = \varphi + \Delta\varphi_\gamma$，$\varphi_\beta = \varphi - \Delta\varphi_\beta$。

　　根据以上分析，利用曲线拟合、求交角及数值微分等数学方法进行计算便可以得到齿轮球面齿廓。

2.3.3　行星齿轮齿面节线生成原理

1. 齿面节线的生成原理

齿面节线是轮齿表面与节圆锥的交线，也称为齿面节曲线或齿线。本书利用圆锥齿轮齿面节线向非圆锥齿轮节锥映射的方式求得非圆锥齿轮的齿面节线，即将圆锥齿轮的节锥与非圆锥齿轮的节锥对滚，求出各时刻圆锥齿轮齿面节线与非圆锥齿轮节锥的交点，并顺次连接成线，从而获得非圆锥齿轮的齿面节线。

　　对于圆锥面，螺旋线 r_2 可以表示为

$$\begin{cases} x_2 = \dfrac{T_b}{2\pi}(0.5\pi - \gamma)\sin\mu\cos(0.5\pi - \gamma) \\[2mm] y_2 = \dfrac{T_b}{2\pi}(0.5\pi - \gamma)\sin\mu\sin(0.5\pi - \gamma) \\[2mm] z_2 = \dfrac{T_b}{2\pi}(0.5\pi - \gamma)\cos\mu - L\cos\mu \end{cases} \tag{2-42}$$

式中，T_b 为螺旋线的螺距；γ 为转动角度；μ 为节锥角；L 为圆锥母线长。

　　图 2-23 为圆锥齿轮节锥与非圆锥齿轮节锥的位置关系示意图。以非圆锥齿轮的锥顶为原点建立直角坐标系 $O_0X_0Y_0Z_0$。在圆锥齿轮底面上建立随非圆锥齿轮运动的坐标系 $O_1X_1Y_1Z_1$。圆锥齿轮节锥除了要沿非圆锥齿轮节锥移动，还要进行转动，因此在坐标系 $O_1X_1Y_1Z_1$ 的基础上建立坐标系 $O_2X_2Y_2Z_2$，两者相差一定的角度，该角度可以根据圆锥面在非圆锥齿轮节锥上的纯滚动求出。通过这三个坐标系之间的变换关系，可以将圆锥齿轮齿面节线映射到非圆锥齿轮的节锥上。

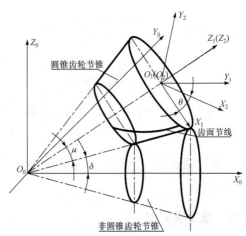

图 2-23　圆锥齿轮的节锥与非圆锥齿轮的节锥位置关系示意图

2. 齿面节线的映射

为了将圆锥齿轮齿面节线映射到非圆锥齿轮的节锥上，共建立了 $O_0X_0Y_0Z_0$、$O_1X_1Y_1Z_1$、$O_2X_2Y_2Z_2$ 三个坐标系。首先计算坐标系 $O_2X_2Y_2Z_2$ 与坐标系 $O_1X_1Y_1Z_1$ 的变换关系，两者相差的角度为 θ，根据齿轮啮合原理，坐标变换关系可以表示为

$$\boldsymbol{M}_{12} = \begin{bmatrix} \cos\theta & \sin\theta & 0 & 0 \\ -\sin\theta & \cos\theta & 0 & 0 \\ 0 & 0 & 1 & 0 \\ 0 & 0 & 0 & 1 \end{bmatrix} \tag{2-43}$$

式中，θ 可以根据圆锥在非圆锥齿轮的节锥上的纯滚动求出。

母线长为一定值时，节曲线的长度可以表示为

$$s = \int_0^\varphi \sqrt{\frac{\partial x_1^2}{\partial \varphi} + \frac{\partial y_1^2}{\partial \varphi} + \frac{\partial z_1^2}{\partial \varphi}}\, \mathrm{d}\varphi \tag{2-44}$$

式中

$$\begin{cases} \dfrac{\partial x_1}{\partial \varphi_1} = \dfrac{\mathrm{d}\left(R\sin\delta_1\right)}{\mathrm{d}\varphi_1} = -R\sin\delta_1 \dfrac{i'_{21}}{i_{21}^2 + 1} \\[3mm] \dfrac{\partial y_1}{\partial \varphi_1} = \dfrac{\mathrm{d}\left(R\sin\delta_1\sin\varphi_1\right)}{\mathrm{d}\varphi_1} = R\cos\delta_1\sin\varphi_1\left(\dfrac{i'_{21}}{i_{21}^2 + 1}\right) - R\sin\delta_1\cos\varphi_1 \\[3mm] \dfrac{\partial z_1}{\partial \varphi_1} = \dfrac{\mathrm{d}\left(R\sin\delta_1\cos\varphi_1\right)}{\mathrm{d}\varphi_1} = R\cos\delta_1\cos\varphi_1\left(\dfrac{i'_{21}}{i_{21}^2 + 1}\right) - R\sin\delta_1\sin\varphi_1 \end{cases} \tag{2-45}$$

因此，根据两者的纯滚动关系，可以得到

$$\theta = -\frac{s}{r_0} \tag{2-46}$$

式中，r_0 为圆锥底面半径。

根据以上计算，便可以将坐标系 $O_2X_2Y_2Z_2$ 中的曲线变换到坐标系 $O_1X_1Y_1Z_1$ 中。

利用坐标变换同样可以得到坐标系 $O_1X_1Y_1Z_1$ 与坐标系 $O_0X_0Y_0Z_0$ 的变换关系。

对于任意的球面半径，节曲线上周向的单位切向量可以表示为

$$t_1 = \frac{\left[\begin{array}{ccc} \dfrac{\partial x_1}{\partial \varphi_1} & \dfrac{\partial y_1}{\partial \varphi_1} & \dfrac{\partial z_1}{\partial \varphi_1} \end{array}\right]^{\mathrm{T}}}{\sqrt{\dfrac{\partial x_1^2}{\partial \varphi_1} + \dfrac{\partial y_1^2}{\partial \varphi_1} + \dfrac{\partial z_1^2}{\partial \varphi_1}}} \tag{2-47}$$

同理，径向的单位切向量为

$$t_2 = \frac{\left[\begin{array}{ccc} \dfrac{\partial x_1}{\partial R} & \dfrac{\partial y_1}{\partial R} & \dfrac{\partial z_1}{\partial R} \end{array}\right]^{\mathrm{T}}}{\sqrt{\dfrac{\partial x_1^2}{\partial R} + \dfrac{\partial y_1^2}{\partial R} + \dfrac{\partial z_1^2}{\partial R}}} \tag{2-48}$$

根据向量叉乘的定义，可以得到与向量 t_1、向量 t_2 均垂直的向量 n 为

$$n = t_1 \times t_2 \tag{2-49}$$

由于 n 的方向并不与圆锥底面平行，而是相差一定的角度，所以将 n 偏转一定角度，获得新向量 m，使其经过圆锥底面圆心：

$$m = t_2 \sin\mu + n\cos\mu \tag{2-50}$$

式中，μ 为圆锥锥角的 1/2。

节曲线的法向等距线可以根据曲线上任意一点的坐标及该点沿向量 m 方向的位移进行构建，可以表示为

$$\begin{cases} x_m = R\cos\delta_1 + r_0 m_1 \\ y_m = R\sin\delta_1 \sin\varphi_1 + r_0 m_2 \\ z_m = R\sin\delta_1 \cos\varphi_1 + r_0 m_3 \end{cases} \tag{2-51}$$

(x_m, y_m, z_m) 即坐标系 $O_1X_1Y_1Z_1$ 的原点坐标。

坐标系 $O_1X_1Y_1Z_1$ 的坐标轴向量可以表示为

$$\begin{cases} \boldsymbol{i}_1 = \boldsymbol{h} = -\boldsymbol{m} \\ \boldsymbol{k}_1 = \boldsymbol{q} = \dfrac{\begin{bmatrix} x_m & y_m & z_m \end{bmatrix}}{\sqrt{x_m^2 + y_m^2 + z_m^2}} \\ \boldsymbol{j}_1 = \boldsymbol{p} = \boldsymbol{m} \times \boldsymbol{q} \end{cases} \tag{2-52}$$

坐标系 $O_0X_0Y_0Z_0$ 的各坐标轴可以表示为

$$\begin{cases} \boldsymbol{i}_0 = \begin{bmatrix} 1 & 0 & 0 \end{bmatrix}^T \\ \boldsymbol{j}_0 = \begin{bmatrix} 0 & 1 & 0 \end{bmatrix}^T \\ \boldsymbol{k}_0 = \begin{bmatrix} 0 & 0 & 1 \end{bmatrix}^T \end{cases} \tag{2-53}$$

依据坐标变换原理，能够获得坐标系 $O_1X_1Y_1Z_1$ 与坐标系 $O_0X_0Y_0Z_0$ 之间的变换关系：

$$\boldsymbol{M}_{01} = \begin{bmatrix} \boldsymbol{i}_0 \cdot \boldsymbol{i}_1 & \boldsymbol{i}_0 \cdot \boldsymbol{j}_1 & \boldsymbol{i}_0 \cdot \boldsymbol{k}_1 & x_m \\ \boldsymbol{j}_0 \cdot \boldsymbol{i}_1 & \boldsymbol{j}_0 \cdot \boldsymbol{j}_1 & \boldsymbol{j}_0 \cdot \boldsymbol{k}_1 & y_m \\ \boldsymbol{k}_0 \cdot \boldsymbol{i}_1 & \boldsymbol{k}_0 \cdot \boldsymbol{j}_1 & \boldsymbol{k}_0 \cdot \boldsymbol{k}_1 & z_m \\ 0 & 0 & 0 & 1 \end{bmatrix} = \begin{bmatrix} h_1 & p_1 & q_1 & x_m \\ h_2 & p_2 & q_2 & y_m \\ h_3 & p_3 & q_3 & z_m \\ 0 & 0 & 0 & 1 \end{bmatrix} \tag{2-54}$$

式中，h_1、h_2、h_3 为向量 $\boldsymbol{h}$ 的三个分量；p_1、p_2、p_3 为向量 $\boldsymbol{p}$ 的三个分量；q_1、q_2、q_3 为向量 $\boldsymbol{q}$ 的三个分量。

综上所述，可以将圆锥面上的螺旋线坐标转换到非圆锥齿轮坐标系中：

$$\boldsymbol{r} = \boldsymbol{M}_{01}\boldsymbol{M}_{12}\boldsymbol{r}_2 \tag{2-55}$$

将各个参数代入式(2-55)，即可将圆锥齿轮齿面节线映射到非圆锥齿轮节锥上，从而获得非圆锥齿轮的齿面节线。

根据以上计算，便可获得螺旋非圆锥齿轮的齿面节线，再利用密切面的思想将该曲线分割为若干份，每个分割点对应一条球面节曲线，以该球面节曲线为基础，以分割点为起点，根据 2.2 节的方法分别计算出齿形曲线，并将齿形曲线沿齿面节线方向进行放样连接，从而获得螺旋非圆锥齿轮的实体模型，如图 2-24 所示。

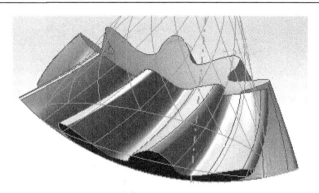

图 2-24 行星齿轮的实体模型

2.3.4 半轴齿轮齿形生成原理

在已求得行星齿轮实体模型的情况下，利用螺旋非圆锥齿轮副啮合传动时两齿轮轮齿齿形互为曲线族包络的原理来计算半轴齿轮模型。

1. 包络法原理

包络法可以用于解决两齿轮传动时的啮合问题，具有极强的通用性和便捷性。这是因为在传动过程中的两个共轭齿面，若其中一个作为母面，则另一个齿面就是母面按照传动比规律构成的若干曲面的包络面。任一时刻包络面和母面的啮合线就是两者在此时刻的切线，所有的切线组合到一起即构成了和母面相对应的齿面。因此，在已知一齿面及传动规律的情况下，可以利用包络法计算获得未知曲面。

利用包络法求共轭齿形的原理如图 2-25 所示。以椭圆齿轮为例，假定齿轮 2 始终保持固定，令瞬心线 I 绕瞬心线 II 进行纯滚动，齿形 1 便可以形成若干曲线，且这些曲线在任意时刻均与齿形 2 相切。从理论上讲，齿形 2 即齿形 1 形成的若干曲线的包络。因此，已知齿形 1 及传动规律即可计算求得齿形 2。

2. 齿形生成原理

图 2-26 为螺旋非圆锥齿轮副传动示意图。根据传动比函数模型，可以得到螺旋非圆锥齿轮的节锥为非圆锥面，分锥角 δ_1、δ_2 随传动比函数变化。

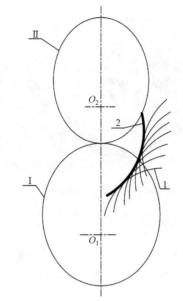

图 2-25　利用包络法求共轭齿形的原理

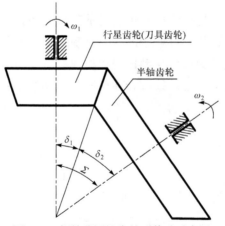

图 2-26　螺旋非圆锥齿轮副传动示意图

依据齿轮啮合的基本原理，以刀具齿轮加工半轴齿轮，在任何时刻，刀具齿轮与半轴齿轮均相切接触，由刀具齿轮包络出来的半轴齿轮可以和刀具齿轮相互传动。本书将螺旋非圆锥行星齿轮作为刀具齿轮，那么包络出半轴齿轮齿形的过程就是刀具齿轮的节锥在半轴齿轮节锥上进行纯滚动的过程。当刀具齿轮为直齿时，接触线为齿廓上一条指向圆心的直线，包络出的齿轮为齿面节线是直线的非圆锥齿轮。当刀具齿轮为螺旋齿时，其瞬时接触线将与切向成一定的角度，包络出的齿轮为齿面节线是螺旋线的非圆锥齿轮，如图 2-27～图 2-29 所示。

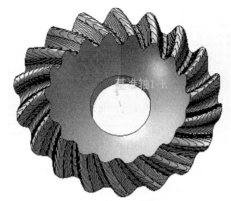

图 2-27　半轴齿轮的实体模型

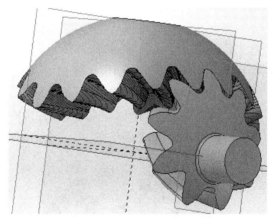

图 2-28　行星齿轮和半轴齿轮啮合的实体模型

图 2-29　行星齿轮和半轴齿轮的样件

2.4　非圆面齿轮限滑差速器

非圆锥齿轮设计、加工复杂，生产制造成本较高，且通用性较差。针对非圆锥齿轮副的局限性和缺点，本节提出一种新的方案，即在不改变差速器整体结构尺寸的基础上，采用非圆面齿轮副。

与非圆锥齿轮副对比，非圆面齿轮副具有以下优势：

(1) 加工简便，容易实现低成本批量生产。

(2) 有比较成熟的理论，便于设计。

(3) 传动时不受齿宽方向上的力，因此啮合平稳、噪声低。

(4) 同等强度下，非圆面齿轮副重量轻。

2.4.1　传动原理及传动比函数模型

1. 传动原理

在变传动比限滑差速器中采用非圆面齿轮副，可以保持原有差速器(直齿非圆锥齿轮副)的整体结构和尺寸而改善差速器的性能。

图 2-30 所示为十字轴式变传动比限滑差速器的两种齿轮副结构，图 2-31 显示了非圆面齿轮副在差速情况下的极限状态。

(a) 十字轴式直齿非圆锥齿轮副

(b) 十字轴式非圆面齿轮副

图 2-30　十字轴式变传动比限滑差速器齿轮副结构

(a) 左极限位置

(b) 右极限位置

图 2-31　非圆面齿轮副在差速情况下的极限状态

当差速器处于图 2-31(a) 的状态时，行星齿轮对左边半轴齿轮的作用力臂达到最大，其与左半轴齿轮间的接触力达到最小。行星齿轮对右边半轴齿轮的作用力臂达到最小，其与右半轴齿轮间的接触力达到最大。在任意时刻、任意状态下，左、右半轴齿轮与对应车轮半轴间的力臂长度始终等于半轴齿轮的半径，因此分配给左边车轮的转矩最小，分配给右边车轮的转矩最大。同理，当差速器处于图 2-31(b) 的状态时，行星齿轮对左边半轴齿轮的作用力臂达到最小，其与左半轴齿轮间的接触力达到最大，分配给左侧车轮的转矩最大；行星齿轮对右边半轴齿轮的作用力臂达到最大，其与右半轴齿轮间的接触力达到最小，分配给右侧车轮的转矩最小。

2. 传动比函数模型

齿轮副在传动时，其节曲线在空间绕各自的旋转中心旋转，节曲线在重合位置的运动始终是纯滚动，即两齿轮的节曲线上的点在任意时间内滚过的距离相等。下面分别以非圆柱齿轮和面齿轮的轴心为坐标系原点建立笛卡儿坐标系，依据齿轮啮合原理，研究非圆面齿轮副的传动，图 2-32 为非圆面齿轮副传动简图。

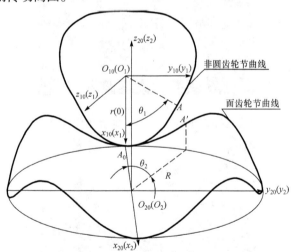

图 2-32　非圆面齿轮副传动简图

$s_{10}(x_{10}, y_{10}, z_{10})$、$s_1(x_1, y_1, z_1)$ 分别是非圆柱齿轮的静坐标系和与其固连的动坐标系，$O_{10}z_{10}$ 为非圆柱齿轮旋转轴。$s_{20}(x_{20}, y_{20}, z_{20})$、$s_2(x_2, y_2, z_2)$ 分别是面齿轮的静坐标系和与其固连的动坐标系，$O_{20}z_{20}$ 为面齿轮旋转轴。初始时刻 s_{10} 与 s_1 重合、s_{20} 与 s_2 重合，规定逆时针转动为正，顺时针转动为

负，非圆柱齿轮角速度为 ω_1，面齿轮角速度为 ω_2。

初始时刻两节曲线在 A_0 点重合，经过一段时间，非圆柱齿轮转角为 θ_1，面齿轮转角为 θ_2，点 A 与点 A' 重合。$r(\theta_1)$ 为非圆柱齿轮上 A 点的向径，R 为面齿轮节曲线所在圆柱面的半径。根据齿轮啮合原理，当两点重合时，A 点线速度与 A' 点线速度相等，可以得出 $r(\theta_1)\omega_1=R\omega_2$。

因此，面齿轮和非圆柱齿轮的传动比函数模型为

$$i_{21}=\frac{\mathrm{d}\theta_2}{\mathrm{d}\theta_1}=\frac{\omega_2}{\omega_1}=\frac{r(\theta_1)}{R} \tag{2-56}$$

2.4.2 齿轮副节曲线生成原理

节曲线的形状反映了机构的传动要求，必须先设计出满足传动要求的节曲线，才能进行后续的齿廓、齿面等设计。基本的研究思路是：首先基于差速器的传动比函数，计算出行星齿轮节曲线的极坐标方程。然后根据齿轮啮合原理和坐标变换矩阵，推导出面齿轮在笛卡儿坐标系下的空间节曲线方程。面齿轮的空间节曲线、齿顶曲线和齿根曲线在同一个圆柱面内，先将该圆柱面沿母线剪开，然后沿底边展开成平面，在平面内求出相应参数方程，最后将平面转换成圆柱面，求出相应的空间曲线方程。

1. 非圆柱齿轮节曲线的生成

经过本书作者多年研究，探索出该十字轴式限滑差速器的传动比函数为

$$i_{21}=\frac{z_1}{z_2}(1+c\cos(3\theta_1)) \tag{2-57}$$

式中，z_1 为非圆柱齿轮齿数；z_2 为面齿轮齿数；c 为小于 1 且大于 0 的常数，其值直接决定差速器的紧锁系数。

由式(2-56)和式(2-57)可得

$$i_{21}=\frac{\mathrm{d}\theta_2}{\mathrm{d}\theta_1}=\frac{\omega_2}{\omega_1}=\frac{r(\theta_1)}{R}=\frac{z_1}{z_2}(1+c\cos(3\theta_1)) \tag{2-58}$$

由此可得齿轮副两转角 θ_2 与 θ_1 的关系为

$$\theta_2=\int_0^{\theta_1}\frac{z_1}{z_2}(1+c\cos(3\theta_1))\mathrm{d}\theta_1=\frac{z_1}{z_2}\left(\theta_1+\frac{c}{3}\sin(3\theta_1)\right) \tag{2-59}$$

也可求出非圆柱齿轮节曲线的极坐标方程为

$$r(\varphi) = \frac{Rz_1}{z_2}(1 + c\cos(3\varphi)) \qquad\qquad (2\text{-}60)$$

式中，φ 为节曲线的极角，与转角大小相等、方向相反。

取 $c = \{0.1, 0.2, 0.3, 0.4\}$，利用 MATLAB 软件在极坐标系下绘制出非圆柱齿轮的节曲线形状，如图 2-33 所示。

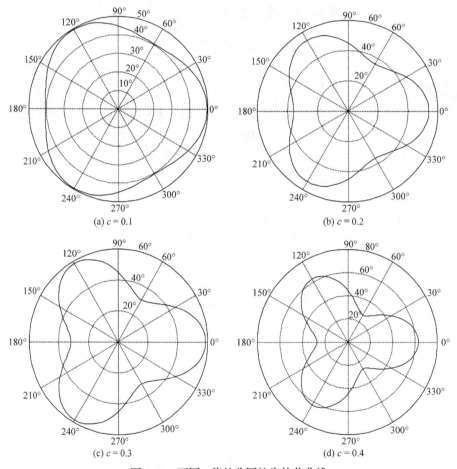

图 2-33　不同 c 值的非圆柱齿轮节曲线

通过图 2-33 可知，c 的大小直接决定节曲线的形状、变化幅度和凹凸性等。c 变小，节曲线变化幅度变平缓，当 $c=0$ 时，节曲线为圆。c 变大，节曲线变化幅度变陡峭，齿形的设计难度就增大，当齿轮的节曲线出现内凹时，就不能用滚刀或齿条刀进行生产。

曲率半径公式为

$$\rho_1 = \frac{\left[r^2(\varphi) + (r'(\varphi))^2 \right]^{\frac{3}{2}}}{r^2(\varphi) + 2(r'(\varphi))^2 - r(\varphi)r''(\varphi)} \tag{2-61}$$

节曲线没有内凹需要满足 $\rho_1 > 0$，即

$$r^2(\varphi) + 2(r'(\varphi))^2 - r(\varphi)r''(\varphi) > 0 \tag{2-62}$$

式中

$$r'(\varphi) = \frac{Rz_1}{z_2}\left(-3c\cos\left(3\varphi + \frac{3\pi}{2} \right) \right) \tag{2-63}$$

$$r''(\varphi) = \frac{Rz_1}{z_2}\left(9c\sin\left(3\varphi + \frac{3\pi}{2} \right) \right) \tag{2-64}$$

将式 (2-64)、式 (2-63) 代入式 (2-62)，化简后可得 $f(\varphi) = 1 + 10c^2 + 11c\cos(3\varphi) + 8c^2\sin^2(3\varphi)$，则没有内凹的条件为 $f(\varphi) > 0$，求解得到 $c < 0.11$。

为了避免与非圆柱齿轮啮合的面齿轮出现根切和齿顶变尖现象，非圆柱齿轮节曲线的变化幅度越小越好，即 c 值尽量取小些，并且当齿轮的节曲线完全为外凸时，可以用滚刀、齿条刀或铣刀加工。但为了提高限滑差速器的锁紧性能，节曲线的变化幅度越大越好，即 c 值尽量取大。由于本书只讨论非圆面齿轮副应用在差速器中的可行性，为了降低设计难度，主要对 $c = 0.1$ 时的齿轮副进行研究。

2. 非圆柱齿轮齿顶曲线和齿根曲线方程

非圆柱齿轮的齿顶曲线和齿根曲线是确定齿廓边界的临界曲线，不同的轮齿可以取相同的全齿高，也可以取不同的全齿高，即非圆柱齿轮可以有一条或多条齿顶曲线和齿根曲线。齿顶高 $h_a = h_a^* m$，齿根高 $h_f = (h_a^* + c^*)m$，式中系数的标准值为 $h_a^* = 1$、$c^* = 0.5$。以上标准值为圆柱齿轮设计中常用的，在设计非圆柱齿轮的过程中，其节曲线形状不是固定的，一般不取标准值。

非圆柱齿轮的齿顶曲线方程为

$$r_a = \sqrt{r^2(\varphi) + h_a^2 + 2r(\varphi)h_a\sin\mu} \tag{2-65}$$

非圆柱齿轮的齿根曲线方程为

$$r_f = \sqrt{r^2(\varphi) + h_f^2 - 2r(\varphi)h_f\sin\mu} \tag{2-66}$$

式中，μ 为非圆柱齿轮节曲线的切线方向与向径 $r(\varphi)$ 方向的夹角：

$$\mu = \left| \arctan \frac{r(\varphi)}{r'(\varphi)} \right|, \quad \mu \in [0, \pi] \tag{2-67}$$

当 $c=0.1$ 时，该非圆柱齿轮的节曲线、齿顶曲线和齿根曲线如图 2-34 所示。

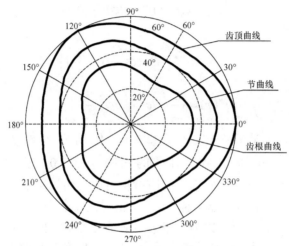

图 2-34　非圆柱齿轮的节曲线、齿顶曲线和齿根曲线

3. 面齿轮节曲线的生成

非圆柱齿轮节曲线的极坐标方程如式(2-60)所示，将其转化为直角坐标系下的参数方程，根据啮合原理，利用变换矩阵可以求得面齿轮的节曲线方程。

$s_1(x_1, y_1, z_1)$ 到 $s_{10}(x_{10}, y_{10}, z_{10})$ 的变换矩阵为

$$\boldsymbol{M}_{s_{10},s_1} = \begin{bmatrix} \cos\theta_1 & \sin\theta_1 & 0 & 0 \\ -\sin\theta_1 & \cos\theta_1 & 0 & 0 \\ 0 & 0 & 1 & 0 \\ 0 & 0 & 0 & 1 \end{bmatrix} \tag{2-68}$$

$s_{10}(x_{10}, y_{10}, z_{10})$ 到 $s_{20}(x_{20}, y_{20}, z_{20})$ 的变换矩阵为

$$\boldsymbol{M}_{s_{20},s_{10}} = \begin{bmatrix} 0 & 0 & 1 & -R \\ 0 & 1 & 0 & 0 \\ -1 & 0 & 0 & r(0) \\ 0 & 0 & 0 & 1 \end{bmatrix} \tag{2-69}$$

$s_{20}(x_{20}, y_{20}, z_{20})$ 到 $s_2(x_2, y_2, z_2)$ 的变换矩阵为

$$M_{s_2, s_{20}} = \begin{bmatrix} \cos\theta_2 & -\sin\theta_2 & 0 & 0 \\ \sin\theta_2 & \cos\theta_2 & 0 & 0 \\ 0 & 0 & 1 & 0 \\ 0 & 0 & 0 & 1 \end{bmatrix} \tag{2-70}$$

$s_1(x_1, y_1, z_1)$ 到 $s_2(x_2, y_2, z_2)$ 的变换矩阵为

$$M_{s_2, s_1} = M_{s_2, s_{20}} M_{s_{20}, s_{10}} M_{s_{10}, s_1} = \begin{bmatrix} \sin\theta_1\sin\theta_2 & -\cos\theta_1\sin\theta_2 & \cos\theta_2 & -R\cos\theta_2 \\ -\cos\theta_2\sin\theta_1 & \cos\theta_1\cos\theta_2 & \sin\theta_2 & -R\sin\theta_2 \\ -\cos\theta_1 & -\sin\theta_1 & 0 & r(0) \\ 0 & 0 & 0 & 1 \end{bmatrix}$$
$$\tag{2-71}$$

由图 2-32 可知，当非圆柱齿轮转角为 θ_1、面齿轮转角为 θ_2 时，A 与 A' 重合。根据啮合原理，$s_1(x_1, y_1, z_1)$ 中的 A 点坐标经过坐标变换，可以求出 $s_2(x_2, y_2, z_2)$ 中的 A' 点坐标。A 点在 $s_1(x_1, y_1, z_1)$ 下的坐标为 $(r(\theta_1)\cos\theta_1, r(\theta_1)\sin\theta_1, 0)$，因此 A' 在 $s_2(x_2, y_2, z_2)$ 下的坐标为

$$\begin{bmatrix} x_2 \\ y_2 \\ z_2 \\ 1 \end{bmatrix} = M_{s_2, s_1} \begin{bmatrix} r(\theta_1)\cos\theta_1 \\ r(\theta_1)\sin\theta_1 \\ 0 \\ 1 \end{bmatrix} = \begin{bmatrix} -R\cos\theta_2 \\ -R\sin\theta_2 \\ r(0) - r(\theta_1) \\ 1 \end{bmatrix} \tag{2-72}$$

即面齿轮节曲线参数方程为

$$\begin{cases} x_2 = -R\cos\theta_2 \\ y_2 = -R\sin\theta_2 \\ z_2 = r(0) - r(\theta_1) \end{cases} \tag{2-73}$$

4. 面齿轮节曲线的封闭条件

面齿轮的节曲线需要满足封闭条件，否则差速器无法正常工作。该差速器的传动比函数 $i_{21} = z_1(1 + c\cos(3\theta_1))/z_2$ 是周期函数，其周期 $T = 2\pi/3$，非圆柱齿轮节曲线的向径在极坐标系下的表达式为 $r(\varphi) = Rz_1(1 + c\cos(3\varphi))/z_2$，行星齿轮阶数 n_1 为 3。

当 $\theta_1 = 2\pi/n_1$ 时，只有 $\theta_2 = 2\pi/n_2$ 才能保证节曲线封闭，即

$$\frac{2\pi}{n_2} = \int_0^{\frac{2\pi}{3}} \frac{\mathrm{d}\theta_1}{i_{21}(\theta_1)} = \int_0^{\frac{2\pi}{3}} \frac{z_1}{z_2}(1 + c\cos(3\theta_1))\, \mathrm{d}\theta_1 \tag{2-74}$$

对式(2-74)进行积分后化简可得

$$\frac{z_1}{z_2} = \frac{3}{n_2} \tag{2-75}$$

齿轮的齿数过多会削弱单个齿轮的强度，齿数过少会减小传动时的重合度，因此齿数选择时要平衡好齿轮副的强度和传动的稳定性。本书作者研究的十字轴式变速比限滑差速器的非圆锥齿轮副有 9-12 型、6-8 型两种，通过大量实车试验的结果来看，9-12 型差速器的综合性能要强于 6-8 型差速器。为了确保齿轮强度、使齿轮副能够平稳传动，非圆面齿轮副仍采用9-12型，即 z_1=9、z_2=12，由此可求出半轴齿轮阶数 n_2=4，即面齿轮为 4 阶对称。

5. 面齿轮齿顶曲线和齿根曲线方程

面齿轮在空间的节曲线、齿顶曲线和齿根曲线都在半径为 R 的圆柱面上，可将其所在圆柱面沿母线剪开，沿底边展开为一个平面。展开后的曲线在平面上依然是其节曲线的法向等距曲线，图 2-35 为其平面展开图。

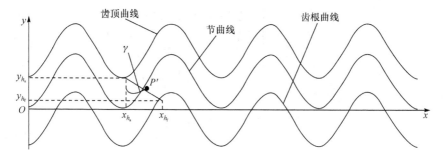

图 2-35　圆柱面转化为平面展开图

从初始位置开始，非圆柱齿轮转角为 θ_1、面齿轮相应转角为 θ_2，平面节曲线上的某点 P' 在空间节曲线上的对应点为 P。点 P' 的 x 坐标等于点 P 在空间走过的弧长，点 P' 的 y 坐标等于空间点 P 的 z 坐标，因此平面直角坐标系下节曲线横、纵坐标的表达式为

$$\begin{cases} x = R\theta_2 = \dfrac{3}{4}R\int_0^{\theta_1}(1+0.1\cos(3\theta_1))\mathrm{d}\theta_1 = \dfrac{3}{4}R\left(\theta_1 + \dfrac{1}{30}\sin(3\theta_1)\right) \\ y = r(0) - r(\theta_1) = \dfrac{3}{40}(1-\cos(3\theta_1)) \end{cases} \tag{2-76}$$

平面内齿顶曲线横、纵坐标的表达式为

$$\begin{cases} x_a = R\theta_2 - h_a \sin\gamma \\ y_a = r(0) - r(\theta_1) + h_a \cos\gamma \end{cases} \quad (2\text{-}77)$$

平面内齿根曲线横、纵坐标的表达式为

$$\begin{cases} x_f = R\theta_2 + h_f \sin\gamma \\ y_f = r(0) - r(\theta_1) - h_f \cos\gamma \end{cases} \quad (2\text{-}78)$$

式中，γ 为平面内面齿轮节曲线在点 P' 的法线与 y 轴的夹角，节曲线的切线和 x 轴的夹角大小等于 γ，即

$$\gamma = \arctan\left(\frac{\mathrm{d}y}{\mathrm{d}x}\right) = \arctan\left(\frac{\mathrm{d}y/\mathrm{d}\theta_1}{\mathrm{d}x/\mathrm{d}\theta_1}\right) = \arctan\left(\frac{3c\sin(3\theta_1)}{1 + c\cos(3\theta_1)}\right) \quad (2\text{-}79)$$

将平面内曲线方程逆向转化为空间曲线方程，即可求出面齿轮的各条曲线在笛卡儿坐标系下的参数方程。

空间面齿轮齿顶曲线参数方程为

$$\begin{cases} x_{h_a} = -R\cos\left(\dfrac{R\theta_2 - h_a \sin\gamma}{R}\right) \\[3mm] y_{h_a} = -R\sin\left(\dfrac{R\theta_2 - h_a \sin\gamma}{R}\right) \\[3mm] z_{h_a} = r(0) - r(\theta_1) + h_a \cos\gamma \end{cases} \quad (2\text{-}80)$$

空间面齿轮齿根曲线参数方程为

$$\begin{cases} x_{h_f} = -R\cos\left(\dfrac{R\theta_2 + h_f \sin\gamma}{R}\right) \\[3mm] y_{h_f} = -R\sin\left(\dfrac{R\theta_2 + h_f \sin\gamma}{R}\right) \\[3mm] z_{h_f} = r(0) - r(\theta_1) - h_f \cos\gamma \end{cases} \quad (2\text{-}81)$$

通过 MATLAB 软件绘制三维空间该面齿轮的节曲线、齿顶曲线和齿根曲线，如图 2-36 所示。

2.4.3　齿轮副齿面生成原理

1. 非圆柱齿轮齿面方程

非圆柱齿轮齿廓曲线的选择不仅需要满足齿轮副传动的要求，还需要

考虑设计难度、加工方法、后期测量和安装误差等多方面因素，其齿廓以渐开线和摆线为主。渐开线齿廓能最全面地满足以上诸多要求，是齿形设计中最常用的曲线，本节采用渐开线齿廓来设计齿形。

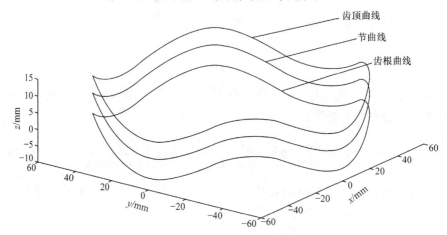

图 2-36　三维空间面齿轮的节曲线、齿顶曲线和齿根曲线

渐开线非圆柱齿轮没有基圆，其齿形根据齿形的渐屈线求出，不同齿的齿廓以及同一个齿的左右齿廓都不尽相同。设计非圆柱齿轮渐开线齿廓有作图法、齿形法线法、解析法和折算齿形法四种常用方法。作图法是在齿形的渐屈线上绕一条不能伸缩的挠性线，依据渐开线的形成原理作出非圆柱齿轮的渐开线齿廓。该方法比较简便，但不够精确，不能应用在高精度齿轮传动中。齿形法线法是根据齿轮的啮合原理来确定齿形，其局限性较大，只适用于 $\lambda - \mu$ 为定值的情况。其中，λ 为节曲线向径和齿形法线的夹角，μ 为节曲线向径和其切线正向的夹角。解析法是齿廓设计中最常用的一种方法，具有广泛的通用性。已知节曲线的参数方程，就可以利用解析法直接求解其齿廓方程。折算齿形法是为了简化作图而采取的一种低精度的绘图方法，只是为了示意两齿轮的齿数以及位置关系，用"折算齿形"代替原来复杂的齿形。

图 2-37 为用解析法设计非圆柱齿轮齿廓的示意图，坐标原点为非圆柱齿轮旋转中心，x 轴与极轴重合。n 为齿廓上任意一点，a 为 n 点齿廓法线与节曲线的交点，φ 为节曲线在 a 点的极角，t 为节曲线在 a 点的正向切线，r_φ 为节曲线在 a 点的向径，μ 为 r_φ 与 t 的夹角，α_n 为 t 与 $\overline{an}$ 的夹角，

a_0 为齿廓的设计起点，r_f 为齿廓上 n 点的向径。从图中可以看出齿形上点 n 的向量关系式为

$$r_f = r_\varphi + \overrightarrow{an} \qquad\qquad (2\text{-}82)$$

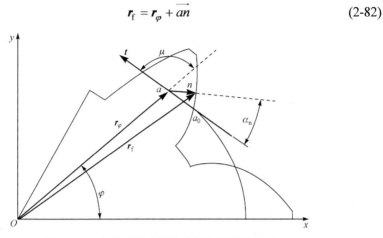

图 2-37　解析法设计非圆柱齿轮齿廓的示意图

由图 2-37 可以看出，齿廓上任一点 n 在左、右齿廓以及节曲线的上、下部分的向量表达式是不同的。

对于齿廓上高于节曲线的点 n，其在左、右齿廓上的坐标表达式分别为

$$\begin{cases} x_l = r_\varphi \cos\varphi + an\cos\alpha_n \cos(\varphi + \mu - \alpha_n) \\ y_l = r_\varphi \sin\varphi + an\cos\alpha_n \sin(\varphi + \mu - \alpha_n) \end{cases} \qquad (2\text{-}83)$$

$$\begin{cases} x_r = r_\varphi \cos\varphi + an\cos\alpha_n \cos(\varphi + \mu + \alpha_n - \pi) \\ y_r = r_\varphi \sin\varphi + an\cos\alpha_n \sin(\varphi + \mu + \alpha_n - \pi) \end{cases} \qquad (2\text{-}84)$$

对于齿廓上低于节曲线的点 n，其在左、右齿廓上的坐标表达式分别为

$$\begin{cases} x_l = r_\varphi \cos\varphi - an\cos\alpha_n \cos(\varphi + \mu - \alpha_n) \\ y_l = r_\varphi \sin\varphi - an\cos\alpha_n \sin(\varphi + \mu - \alpha_n) \end{cases} \qquad (2\text{-}85)$$

$$\begin{cases} x_r = r_\varphi \cos\varphi - an\cos\alpha_n \cos(\varphi + \mu + \alpha_n - \pi) \\ y_r = r_\varphi \sin\varphi - an\cos\alpha_n \sin(\varphi + \mu + \alpha_n - \pi) \end{cases} \qquad (2\text{-}86)$$

式中，r_φ 和 an 分别表示矢量 r_φ 和 $\overrightarrow{an}$ 的模。根据齿形法线法可得 $an = S\cos\alpha_n$，其中 S 为点 a_0 与点 a 之间的弧长。令节曲线在点 a 的切线与 x 轴的夹角为 β，即 $\beta = \varphi + \mu$，β 可通过点 a 的斜率求出，即

$$\beta = \begin{cases} \pi + \arctan \dfrac{\mathrm{d}y}{\mathrm{d}x}, & \varphi \leqslant \pi \\ 2\pi + \arctan \dfrac{\mathrm{d}y}{\mathrm{d}x}, & \pi \leqslant \varphi \leqslant 2\pi \end{cases} \tag{2-87}$$

式中，$\dfrac{\mathrm{d}y}{\mathrm{d}x} = \dfrac{\mathrm{d}(r\sin\alpha)}{\mathrm{d}\alpha} \Big/ \dfrac{\mathrm{d}(r\cos\varphi)}{\mathrm{d}\varphi} = \dfrac{-3c\sin(3\varphi)\sin\varphi + (1 + c\cos(3\varphi))\cos\varphi}{-3c\sin(3\varphi)\cos\varphi - (1 + c\cos(3\varphi))\sin\varphi}$。

综合式(2-83)~式(2-87)可以得到非圆柱齿轮任意齿廓的坐标表达式如下。

左齿：

$$\begin{cases} x_1 = r_\varphi \cos\varphi \pm S\cos\alpha_n \cos(\beta - \alpha_n) \\ y_1 = r_\varphi \sin\varphi \pm S\cos\alpha_n \sin(\beta - \alpha_n) \end{cases} \tag{2-88}$$

右齿：

$$\begin{cases} x_r = r_\varphi \cos\varphi \mp S\cos\alpha_n \cos(\beta + \alpha_n) \\ y_r = r_\varphi \sin\varphi \mp S\cos\alpha_n \sin(\beta + \alpha_n) \end{cases} \tag{2-89}$$

当齿廓上的点在节曲线以上部分时，取上面符号；当齿形上的点在节曲线以下部分时，取下面符号。

每一个齿的同一侧齿廓方程的上下两部分要分开求解，先求解节曲线以上的齿廓，再求解节曲线以下的齿廓。具体步骤为：选取齿廓的起始点 $a_0(r_{\varphi 0}, \alpha_0)$，$n_0$ 与 a_0 重合，且 n_0 的直角坐标为 (x_0, y_0)。节曲线的下一个点坐标为 $a_1(r_{\varphi 1}, \alpha_1)$，$a_1$ 对应齿形上的点为 n_1，a_1 和 a_0 间的弧长可根据弧长公式 $S_1 = \int_{\varphi_0}^{\varphi_1} \sqrt{r^2 + r'^2}\, \mathrm{d}\varphi$ 求出，α_n 为人为设定的值，β 可根据式(2-87)求出，因此可求出 n_1 点的直角坐标 (x_1, y_1)。按此步骤可以循环求出齿廓上每一点的坐标 (x_i, y_i)，即可绘制出非圆柱齿轮的齿廓形状。在空间中将非圆柱齿轮齿廓沿齿宽方向拉伸长度 u，即可得到其空间齿面方程。图 2-38 所示为行星齿轮的实体模型。

2. 面齿轮齿面方程

比较通用的面齿轮加工方法是先加工出非圆柱齿轮，然后以该非圆柱齿轮为刀具，根据齿轮的包络原理，用展成法加工出与之啮合的面齿轮，本书设计的差速器的半轴齿轮即采用此方法加工，如图 2-39～图 2-41 所示。在加工的任意时刻，非圆柱齿轮与面齿轮始终处于线接触状态，最终

图 2-38　行星齿轮的实体模型

生成的齿轮副间的传动形式也为线接触传动。前面已经求出笛卡儿坐标系下非圆柱齿轮齿面的坐标表达式，根据空间啮合原理和坐标转换矩阵，即可求得面齿轮的齿面坐标表达式。

图 2-39　面齿轮的实体模型

$s_1(x_1, y_1, z_1)$ 到 $s_2(x_2, y_2, z_2)$ 的转换矩阵 $\boldsymbol{M}_{s_2, s_1}$ 在式(2-71)已经求出，即

$$\boldsymbol{M}_{s_2, s_1} = \begin{bmatrix} \sin\theta_1 \sin\theta_2 & -\cos\theta_1 \sin\theta_2 & \cos\theta_2 & -R\cos\theta_2 \\ -\cos\theta_2 \sin\theta_1 & \cos\theta_1 \cos\theta_2 & \sin\theta_2 & -R\sin\theta_2 \\ -\cos\theta_1 & -\sin\theta_1 & 0 & r(0) \\ 0 & 0 & 0 & 1 \end{bmatrix}$$

式中，θ_2 为 θ_1 的函数，在式(2-59)中已经求出其表达式。

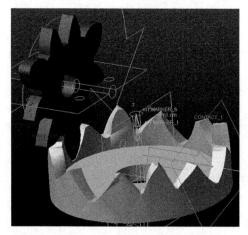

图 2-40　行星齿轮与面齿轮的啮合模型

图 2-41　行星齿轮与半轴齿轮的样件

可以看出转换矩阵 $\boldsymbol{M}_{s_2,s_1}$ 只与非圆柱齿轮的转角 θ_1 有关，可以表示为 $\boldsymbol{M}_{s_2,s_1}(\theta_1)$。由于刀具左、右齿廓的函数表达式不同，在此以刀具的左齿廓的节曲线以上部分为例进行分析。根据式(2-88)可得此部分齿廓的坐标表达式为

$$\boldsymbol{r}_1(u,\varphi)=\begin{bmatrix}x_1\\y_1\\z_1\\1\end{bmatrix}=\begin{bmatrix}r\cos\varphi+S\cos\alpha_\mathrm{n}\cos(\beta-\alpha_\mathrm{n})\\r\sin\varphi+S\cos\alpha_\mathrm{n}\sin(\beta-\alpha_\mathrm{n})\\u\\1\end{bmatrix} \tag{2-90}$$

式中，u 表示齿宽方向上的参数；$r_1(u,\varphi)$ 表达式中各项参数含义与前述非圆柱齿轮齿廓的参数含义相同。

面齿轮的齿面 Σ_2 由刀具齿面 Σ_1 包络而成，Σ_1 形成的曲面簇在 $s_2(x_2,y_2,z_2)$ 中可表示为

$$r_2(u,\varphi,\theta_1) = M_{s_2,s_1}(\theta_1)r_1(u,\varphi) \tag{2-91}$$

刀具在面齿轮毛坯上滚动的任意时刻都满足啮合原理，其啮合方程为

$$N \cdot v^{(12)} = f(u,\varphi,\theta_1) = 0 \tag{2-92}$$

式中，N 为 Σ_1 的法向量；$v^{(12)}$ 为刀具和面齿轮在啮合点处的相对运动速度。N 和 $v^{(12)}$ 的方程式在 $s_1(x_1,y_1,z_1)$ 中进行推导。

因此，刀具齿面 Σ_1 的法向量 N_1 的表达式为

$$N_1 = \frac{\partial r_1}{\partial \varphi} \times \frac{\partial r_1}{\partial u} = \begin{bmatrix} r'\cos\varphi - r\sin\varphi + \cos\alpha_n(S'\cos(\beta-\alpha_n) - S\sin(\beta-\alpha_n)\beta') \\ r'\sin\varphi + r\cos\varphi + \cos\alpha_n(S'\sin(\beta-\alpha_n) + S\cos(\beta-\alpha_n)\beta') \\ 0 \end{bmatrix} \times \begin{bmatrix} 0 \\ 0 \\ 1 \end{bmatrix}$$

$$= \begin{bmatrix} r'\sin\varphi + r\cos\varphi + \cos\alpha_n(S'\sin(\beta-\alpha_n) + S\cos(\beta-\alpha_n)\beta') \\ -r'\cos\varphi - r\sin\varphi + \cos\alpha_n(S'\cos(\beta-\alpha_n) - S\sin(\beta-\alpha_n)\beta') \\ 0 \end{bmatrix}$$

$$\tag{2-93}$$

式中，$S' = \sqrt{r^2(\varphi) + r'^2(\varphi)}$。

因为两旋转轴在空间相交，所以其最短间距为零，有

$$v_1^{(12)} = v_1^{(1)} - v_1^{(2)} = (\boldsymbol{\omega}_1^{(1)} - \boldsymbol{\omega}_1^{(2)}) \times r_1 \tag{2-94}$$

式中，$\boldsymbol{\omega}_1^{(1)} = \left(0,0,\omega_1^{(1)}\right)^T$，$\boldsymbol{\omega}_1^{(2)} = \left(0,0,\omega_1^{(2)}\right)^T = \left(0,0,i_{21}\omega_1^{(1)}\right)^T$，有

$$v_1^{(12)} = \left(\begin{bmatrix} 0 \\ 0 \\ \omega_1^{(1)} \end{bmatrix} - \begin{bmatrix} 0 \\ i_{21}\omega_1^{(1)} \\ 0 \end{bmatrix}\right) \times \begin{bmatrix} x_1 \\ y_1 \\ z_1 \end{bmatrix} = \omega_1^{(1)} \begin{bmatrix} -z_1 i_{21} - y_1 \\ x_1 \\ i_{21}x_1 \end{bmatrix} \tag{2-95}$$

根据空间啮合原理可得

$$N_1 \cdot v_1^{(12)} = (r_\varphi'\sin\varphi + r_\varphi\cos\varphi + \cos\alpha_n(S'\sin(\beta-\alpha_n) + S\cos(\beta-\alpha_n)\beta'))$$

$$\times(-z_1 i_{21} - y_1) + x_1(-r_\varphi'\cos\varphi - r_\varphi\sin\varphi$$

$$+ \cos\alpha_n(S'\cos(\beta-\alpha_n) - S\sin(\beta-\alpha_n)\beta')) = 0 \tag{2-96}$$

通过式(2-96)可求出 $u = z_1 = u(\varphi, \theta_1)$，与 $\boldsymbol{r}_2(u, \varphi, \theta_1) = \boldsymbol{M}_{s_2, s_1}(\theta_1)\ \ \boldsymbol{r}_1(u, \varphi)$ 联立，消去未知数 u 可以求解面齿轮的齿面方程：

$$\boldsymbol{r}_2(\varphi, \theta_1) = \begin{bmatrix} \sin\theta_1\sin\theta_2(r\cos\varphi + S\cos\alpha_n\cos(\beta - \alpha_n)) - \cos\theta_1\sin\theta_2(r\sin\varphi \\ + S\cos\alpha_n\sin(\beta - \alpha_n)) + u(\varphi, \theta_1)\cos\theta_2 - R\cos\theta_2 \\ -\cos\theta_2\sin\theta_1(r\cos\varphi + S\cos\alpha_n\cos(\beta - \alpha_n)) + \cos\theta_1\cos\theta_2(r\sin\varphi \\ + S\cos\alpha_n\sin(\beta - \alpha_n)) + u(\varphi, \theta_1)\sin\theta_2 - R\sin\theta_2 \\ -\cos\theta_1 r\cos\varphi + S\cos\alpha_n\cos(\beta - \alpha_n) - \sin\varphi(r\sin\varphi \\ + S\cos\alpha_n\sin(\beta - \alpha_n)) + r(0) \end{bmatrix}$$

$$(2\text{-}97)$$

2.5　非圆柱行星齿轮限滑差速器

非圆柱齿轮传动的研究是近 20 年来传动领域的一个热点，主要集中在节曲线设计、齿形设计、齿廓加工与测量等方面，目前已提出了一系列设计计算方法及加工技术，国内还有专门的公司成功开发了商用软件，但多数工作仍以中心距固定的非圆柱齿轮传动副为研究对象。对于涉及要素超过两个的非圆柱行星齿轮传动，目前最成功的应用应属低速大扭矩液压马达，在组成系统的三个要素中，有一个是普通圆柱齿轮，其他两个是非圆柱齿轮。

非圆柱齿轮差速器的概念在很多年以前就有人提出过，国内外也有不少学者进行了研究，并在一些车型上得到了应用。但迄今为止，研究基本上都是针对用于轮间驱动桥上的锥齿轮差速器，即采用非圆柱行星锥齿轮副，依靠传动的变速比效应自动调整扭矩分配。当一侧驱动轮打滑，即两半轴齿轮出现转速差时，由于变速比变化，两半轴输出扭矩不再相等，而是呈周期性变化，其比值的最大值相当于锁紧系数。目前可以实现的锁紧系数已达 3 以上，基本能够满足车辆的越野要求。

本节介绍一种全新的轴间非圆柱行星齿轮差速器，不改变分动器的总体结构，依靠传动的变速比效应自动调整输出轴的转矩分配，不用操纵差速锁，就能改善车辆的越野通过性；在极端情况下，还能借助差速锁将差速器完全锁止，最大限度地发挥车辆的牵引力。该非圆柱行星齿轮差速器中组成系统的三个要素均为非圆柱齿轮，其复杂程度大为提高。

2.5.1　啮合原理

普通圆柱行星齿轮差速器的传动原理如图 2-42 所示，其传动要素中心轮、行星轮和内齿圈均为普通渐开线圆柱齿轮，图中所示为节线(节圆)在任何位置的情形，其变速比为

$$i_{23}^{H} = \frac{r_{12} r_3}{r_2 r_{13}} = \frac{r_3}{r_2} = \text{const} \tag{2-98}$$

式中，r_2、r_3 为齿轮 2、3 的节圆半径；r_{12}、r_{13} 为齿轮 1 分别与齿轮 2、3 啮合时的节线(节圆)半径。

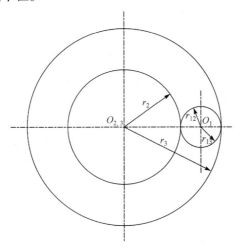

图 2-42　圆柱行星齿轮差速器的传动原理

分动器扭矩按照上述变速比定比例地分配给前后输出轴，而对于分动器内的轴间差速器，尚未见采用变速比传动的报道。

新型差速器的概念模型如图 2-43 所示，组成行星传动的三要素均采用非圆柱齿轮，在不同位置，变速比 i_{23}^{H} 是变化的。因此，两输出轴扭矩不再成固定比例，而是随着行星轮的转动发生周期变化，这样可以充分利用车轮与地面的附着力，提高车辆的通过性。

需要特别说明的是，非圆柱行星齿轮差速器在功能方面具有自适应性，即装配好后，不再需要人工干预，而是根据不同车轴上的车轮打滑状况自动调节输出扭矩分配。

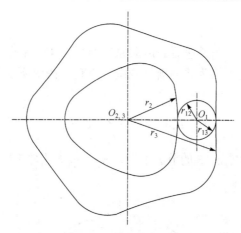

图 2-43　非圆柱行星齿轮差速器传动原理

本书作者对新型变速比差速器的概念模型所涉及的大量理论与技术问题进行了系统深入的研究，包括变速比规律的设计与实现、节曲线的设计与计算、齿形的设计原理与工艺原理、结构优化设计与工艺参数的选择、根切与干涉等。本节内容是相关研究工作的基础，也是最具创新性的工作。

2.5.2　节曲线线型

1. 节曲线封闭条件

组成系统的三个非圆柱齿轮节曲线应满足特定的传动比规律。如图 2-43 所示，设齿轮 1 的节曲线方程为

$$r_1 = r_1(\varphi_1) \tag{2-99}$$

则与之外啮合的齿轮 2 的节曲线方程为

$$\begin{cases} r_2 = a - r_1 \\ \varphi_2 = \int_0^{\varphi_1} \dfrac{r_1}{a - r_1} \mathrm{d}\varphi_1 \end{cases} \tag{2-100}$$

与之内啮合的齿轮 3 的节曲线方程为

$$\begin{cases} r_3 = a + r_1 \\ \varphi_3 = \int_{\pi}^{\varphi_1'} \dfrac{r_1}{a + r_1} \mathrm{d}\varphi_1' \end{cases} \tag{2-101}$$

式中，r_1、r_2、r_3 为齿轮 1、2、3 的节曲线半径；φ_1、φ_2、φ_3 为齿轮 1、2、3 的转角；a 为齿轮 2、3 与齿轮 1 的啮合中心距；$\varphi_1' = \varphi_1 + \pi$。

根据三心定理可知，行星齿轮节曲线与中心轮节曲线和齿圈节曲线的纯滚动接触点均落在中心线上。

为保证传动的连续性，要求三齿轮节曲线封闭，即三者应满足

$$\begin{cases} \dfrac{2\pi}{n_2} = \displaystyle\int_0^{\frac{2\pi}{n_1}} \dfrac{r_1}{a-r_1}\,\mathrm{d}\varphi_1 \\[4mm] \dfrac{2\pi}{n_3} = \displaystyle\int_0^{\frac{2\pi}{n_1}} \dfrac{r_1}{a+r_1}\,\mathrm{d}\varphi_1 \end{cases} \tag{2-102}$$

式中，n_1、n_2、n_3 为三齿轮节曲线变化周期数。

本书作者探讨了几种常用的节曲线形式，包括椭圆曲线、Pascal 蜗线、Reuleaux 曲线等。

2. 椭圆曲线

在非圆柱齿轮传动方面，目前应用最广、研究最为成熟的当属椭圆齿轮，即节曲线采用椭圆曲线。对于非圆柱行星齿轮差速器，设行星齿轮节曲线为椭圆，即

$$r_1 = \frac{a(1-e^2)}{1-e\cos\varphi_1} \tag{2-103}$$

式中，a 为行星齿轮与中心轮的传动中心距；e 为椭圆偏心率。

将式(2-103)代入式(2-100)～式(2-102)，进行试算，通过调整 e，即可得计算结果。

行星齿轮同时与中心轮和齿圈进行纯滚动的情况有如下三种：①行星齿轮转 1 圈，中心轮转过 1/3 圈，齿圈转过 1/6 圈，即 $n_1=1, n_2=3, n_3=6$；②行星齿轮转 1 圈，中心轮转过 1/4 圈，齿圈转过 1/7 圈，即 $n_1=1, n_2=4, n_3=7$；③行星齿轮转 1 圈，中心轮转过 1 圈，齿圈转过 1/4 圈，即 $n_1=1, n_2=1$，$n_3=4$。计算结果分别如图 2-44～图 2-46 所示。但是上述三种情况下的传动比关系均超出了适用范围，节曲线凸凹变化过于剧烈，做成齿轮比较困难。

3. Pascal 蜗线

向径按余弦规律变化的曲线称为 Pascal 蜗线，将其作为节曲线的非圆柱齿轮在一些场合获得了应用。其方程为

$$r_1 = r + e\cos\varphi_1 \tag{2-104}$$

式中，r 为初始圆半径；e 为常数。

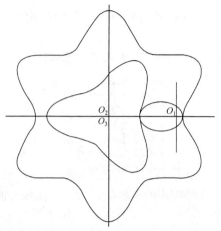

图 2-44　n_1=1、n_2=3、n_3=6 的传动示意图

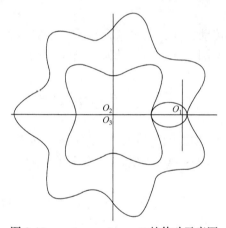

图 2-45　n_1=1、n_2=4、n_3=7 的传动示意图

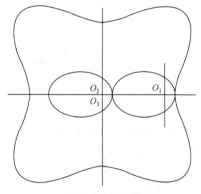

(a) 椭圆行星齿轮长轴水平

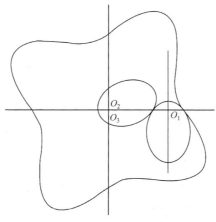

(b) 椭圆行星齿轮长轴竖直

图 2-46　$n_1=1$、$n_2=1$、$n_3=4$ 的传动示意图

代入式(2-99)～式(2-102)，通过调整 a、r、e，可以进行传动节曲线设计。计算结果表明，采用 Pascal 蜗线没有准确解，无法保证节曲线封闭，即存在理论误差。

4. 三角形 Reuleaux 曲线

以等边三角形的其中一个顶点为中心，作圆弧经过其余两个顶点，则这三个圆弧构成一条封闭曲线，称为 Reuleaux 三角形，其外等距线为等宽曲线，称为三角形 Reuleaux 曲线，如图 2-47 所示。

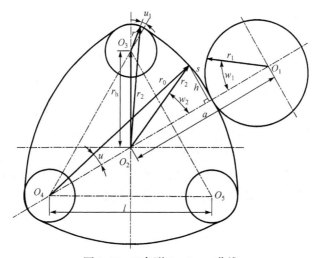

图 2-47　三角形 Reuleaux 曲线

以三角形 Reuleaux 曲线作为中心齿轮的节曲线，与行星齿轮节曲线纯滚动，有

$$\begin{cases} r_2^2 = r_0^2 + r_h^2 - 2r_0 r_h \cos\theta, & -\dfrac{\pi}{6} \leqslant \theta \leqslant \dfrac{\pi}{6} \\ r_2^2 = r^2 + r_h^2 - 2r r_h \cos\left(\dfrac{5\pi}{6} + \theta_1\right), & 0 \leqslant \theta_1 \leqslant \dfrac{\pi}{3} \end{cases} \tag{2-105}$$

式中，$r_0 = l + r$；$r_h = \dfrac{\sqrt{3}}{3}l$；$h = r_0 \sin\theta$；$l$ 为正三角形边长；r 为发生圆半径(外等距)；θ 为大圆弧中心角；θ_1 为小圆弧中心角。

从式(2-105)求出 r_2，将之代入式(2-99)~式(2-102)，通过调整 a、l、r，可以设计出比较理想的传动节曲线组合方案，如图 2-48 所示。

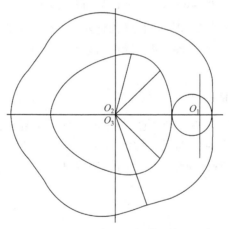

图 2-48　Reuleaux 中心轮节曲线传动示意图

在实际研究过程中发现，由非圆柱中心齿轮、非圆柱行星齿轮和非圆柱齿圈组成的单排非圆柱齿轮行星传动差速器，其非圆柱行星齿轮因同时与中心齿轮和齿圈啮合，节曲线设计受到很大制约，且往往存在平差效应，即内外传动变速比的效应难以协调一致，会相互抵消掉一部分。为此，本书提出一种新的结构型式，即采用双联非圆柱行星齿轮，组成双排行星齿轮结构，从根本上克服上述缺陷，且有多种组合形式以适应不同需要。

2.5.3　双联非圆柱行星齿轮

1. 结构原理

图 2-49 为新型双联非圆柱行星齿轮差速器结构简图，图 2-50 是其传动示意图。双联非圆柱行星齿轮差速器主要由非圆柱中心轮 1、非圆柱中心轮 2、双联非圆柱行星齿轮 3、行星架 H 等组成，运动及动力由行星架 H 输入，非圆柱中心轮 1、2 分别与前后输出轴 Ⅰ、Ⅱ固连，当齿轮间存在相对运动时，前后两个输出轴 Ⅰ、Ⅱ的传动比不是定值，而是按照设定的规律呈周期变化。两个中心齿轮结构完全相同，双联行星齿轮形状一致，相位相差 90°，共有三组，绕中心齿轮均匀分布。

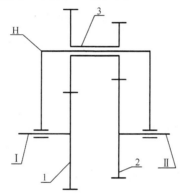

图 2-49　双联非圆柱行星齿轮差速器结构简图
1,2-非圆柱中心轮；3-双联非圆柱行星齿轮；H-行星架；Ⅰ,Ⅱ-前后输出轴

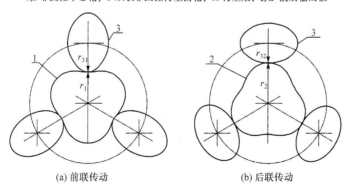

(a) 前联传动　　　　　　　　　(b) 后联传动

图 2-50　双联非圆柱行星齿轮差速器传动示意图
H-行星架(输入轴)；Ⅰ,Ⅱ-前后输出轴；1,2-非圆柱中心轮；3-双联非圆柱行星齿轮

分析传动原理，可得其转化机构传动比(输出轴Ⅱ相对于输出轴Ⅰ)为

$$i_{21}^{\mathrm{H}} = \frac{r_{31}r_2}{r_1 r_{32}} = f(\varphi_3) \tag{2-106}$$

式中，r_1 为非圆柱中心轮 1 的节曲线半径；r_2 为非圆柱中心轮 2 的节曲线半径；r_{31} 为与非圆柱中心轮 1 啮合的双联非圆柱行星齿轮 3 的节曲线半径；r_{32} 为与非圆柱中心轮 2 啮合的双联非圆柱行星齿轮 3 的节曲线半径；$f(\varphi_3)$ 为行星齿轮转角 φ_3(绕本身轴线)的周期函数。

差速器输入扭矩将根据上述传动比规律按比例分配给前后两个输出轴，从而实现变扭矩分配。

2. 节曲线设计

行星齿轮与中心齿轮的传动比规律设计直接关系到差速器的使用性能，也是整个研究工作的出发点与归宿，本书给出如下传动比公式：

$$i_{31} = \frac{z_1}{z_3}(1 - c\sin(3\varphi_1)) \tag{2-107}$$

式中，i_{31} 为双联非圆柱行星齿轮 3 与非圆柱中心轮 1 的传动比；z_1、z_3 为非圆柱中心轮、双联非圆柱行星齿轮的齿数；φ_1 为非圆柱中心轮的转角；c 为设计常数。

显然，双联非圆柱行星齿轮 3 与非圆柱中心轮 2 的传动比可表示为

$$i_{32} = i_{31}\left(\varphi_3 + \frac{\pi}{2}\right) \tag{2-108}$$

式中，φ_3 为双联非圆柱行星齿轮的转角(绕自身轴线)。

非圆柱中心轮 1 与双联非圆柱行星齿轮 3 的节曲线方程可表示为

$$\begin{cases} r_1 + r_{31} = a \\ i_{31} = \dfrac{r_1}{r_{31}} \end{cases} \tag{2-109}$$

同理，非圆柱中心轮 2 与双联非圆柱行星齿轮 3 的节曲线方程为

$$\begin{cases} r_2 + r_{32} = a \\ i_{32} = \dfrac{r_2}{r_{32}} \end{cases} \tag{2-110}$$

式中，a 为非圆柱中心轮 1、2 与双联非圆柱行星齿轮 3 的啮合中心距。

3. 原理样机试制

以节曲线为基础，可以进行齿形研究。利用解析法，根据平面当量节曲线的计算公式(2-24)～(2-28)即可获得齿形方程，在此不再赘述。

取 $c = 0.3$，$z_1 = z_2 = 18$，$z_3 = 12$，齿形选用渐开线，计算结果如图 2-51 所示。图 2-52 所示为 $a = 100$ 时的双联行星齿轮差速器原理样机。图 2-53 显示了前后输出轴的传动比曲线，即 i_{21}^{H} 变化曲线，从中可以得出

$$\frac{i_{21\max}^{H}}{i_{21\min}^{H}} \approx 3.45 \tag{2-111}$$

该值相当于差速器的锁紧系数。对于一般越野车辆，该锁紧系数已经足够大，完全可以满足越野通过性要求。

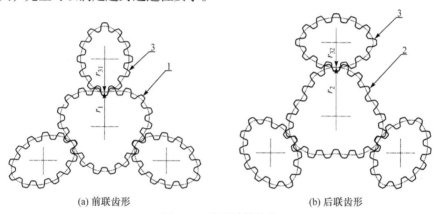

(a) 前联齿形　　　　　　　　　　　　(b) 后联齿形

图 2-51　齿形计算结果

1,2-非圆柱中心轮；3-双联非圆柱行星齿轮

(a) 侧面图　　　　　　　　　　　　(b) 正面图

图 2-52　双联行星齿轮差速器原理样机($a = 100$)

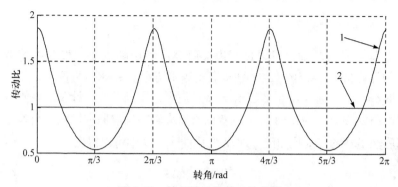

图 2-53　前后输出轴传动比曲线

1-非圆柱行星齿轮差速器；2-圆柱行星齿轮差速器

第3章 非圆锥齿轮副产品设计及强度分析

非圆锥齿轮副是变速比限滑差速器的核心部件,其结构和强度是影响差速器性能的关键因素。本章根据越野车辆的性能要求,按照第2章介绍的设计原理,对限滑差速器的非圆锥齿轮副进行系列产品设计。在半轴齿轮均为 2 个的前提下,按行星齿轮轴数的不同,分别有一字轴(或行星齿轮本身带有轴柄)、三叉轴、十字轴等。按行星齿轮和半轴齿轮的齿数不同,分别有9-12型、6-8型、9-9型、9-18型、7-14型等,传动比规律也有所变化。本章对后者的分类方式进行阐述。

3.1 9-12型非圆锥齿轮副

3.1.1 9-12型非圆锥齿轮副设计参数及模型

9-12 型表示行星齿轮的齿数为 9,半轴齿轮的齿数为 12(其他型式数字含义相同)。该型非圆锥齿轮副由2个半轴齿轮和4个行星齿轮组成,行星齿轮用十字轴支撑。传动比选用

$$i_{21} = \frac{z_1}{z_2}\left(1 - c\sin\left(3\varphi_1 + \frac{3\pi}{2}\right)\right) \tag{3-1}$$

取 $c = 0.3$ 时,差速器的理论锁紧系数 $K = \frac{1+c}{1-c} = 1.857$。由于存在内摩擦等因素,实测值可以达到 2.162。该型非圆锥齿轮副已成功应用于某型越野车辆的差速器,目前已累计生产 3 万余套。

图 3-1 和图 3-2 所示为9-12型非圆锥齿轮副样件、差速器总成批量产品。

图 3-1 9-12型非圆锥齿轮副样件

图 3-2　差速器总成批量产品

图 3-3 为非圆锥齿轮副的节锥示意图，图 3-4 所示为平面当量节曲线。

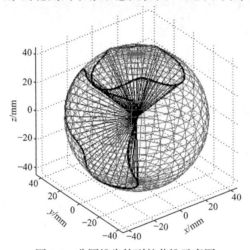

图 3-3　非圆锥齿轮副的节锥示意图

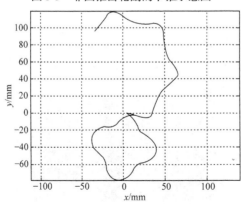

图 3-4　平面当量节曲线

在对 9-12 型齿轮副研制的过程中，为了更好地满足越野车辆的性能要求，根据齿轮齿向线的曲线形式，设计了直线齿、弧线齿和优化弧线齿三种齿形，其实体模型分别如图 3-5～图 3-7 所示。

图 3-5　直线齿非圆锥齿轮副实体模型

图 3-6　弧线齿非圆锥齿轮副实体模型

图 3-7　优化弧线齿非圆锥齿轮副实体模型

3.1.2　9-12 型非圆锥齿轮副强度分析

1. 参数和边界条件设定

在不同的工况下差速器的齿轮副所受的扭矩是变化的，因此本书针对最严酷的工况进行分析计算，即在差速器所受扭矩最大时，计算差速器齿轮副在直线行驶和转弯行驶两种工况下的强度。

仿真分析时，假设几个行星齿轮所受扭矩相等，则总扭矩根据行星齿轮数目由行星齿轮平均承担，扭矩作用在行星齿轮轴上。计算中不考虑冲击作用，根据路况对差速器的冲击影响，可在计算基础上进行线性估算。

2. 计算结果分析

利用有限元分析软件 ANSYS 对三种齿形的齿轮副进行组合强度分析和接触强度分析，分析过程不再赘述。9-12 型三种齿形非圆锥齿轮计算结果如表 3-1 所示。

表 3-1　9-12 型三种齿形非圆锥齿轮计算结果汇总表

分　类		最大应力/MPa			应力位置
		直线齿	弧线齿	优化弧线齿	
单件计算	行星齿轮	658	761	784	齿根
		—	1140	1250	齿顶
	半轴齿轮	780	1110	571	齿根
		—	1360	857	齿顶
接触计算	行星齿轮	713	749	667	齿根
		1070	749	1000	齿顶
	半轴齿轮	961	675	383	齿根
		961	900	690	齿顶

从表 3-1 的数据可知：弧线齿所受应力的最大值为 1360MPa，直线齿所受应力的最大值为 1070MPa，前者比后者所受应力稍大，是因为弧线齿的轮齿接触面积较小，使接触应力增大。但直线齿的最大应力部位在轮齿边缘，容易引起应力集中而使轮齿断裂；弧线齿的最大应力在轮齿中部，不容易引起断齿。修改齿厚参数后，齿顶和齿根最大应力均有所降低，结构最优。

3.2　6-8 型非圆锥齿轮副

3.2.1　6-8 型非圆锥齿轮副设计参数及模型

越野车辆行驶环境恶劣，齿轮受冲击严重，易出现断齿现象，提高齿轮强度是解决此问题的根本措施。

在保持差速器结构型式和传动比规律不变的前提下，对 9-12 型非圆锥齿轮副进行改进优化设计，形成了 6-8 型非圆锥齿轮副。该型非圆锥齿轮副的节锥和平面当量节曲线与图 3-3 和图 3-4 一致。相比 9-12 型非圆锥齿轮副，6-8 型非圆锥齿轮副的齿厚增大，强度提升，有效解决了轮齿的断齿问题。

6-8 型非圆锥齿轮副仍然采用 4 个行星齿轮与 2 个半轴齿轮啮合，行星齿轮用十字轴支撑。图 3-8 为 6-8 型差速器总成图，图 3-9 和图 3-10 所示为非圆锥齿轮副的实体模型。

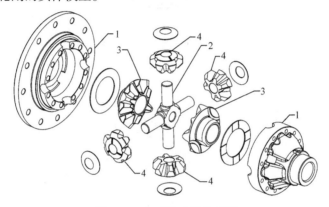

图 3-8　6-8 型差速器总成图
1-左、右半壳；2-十字轴；3-半轴齿轮；4-行星齿轮

(a) 平衡位置

(b) 极限位置

图 3-9　6-8 型非圆锥齿轮副实体模型 1

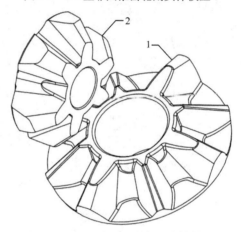

图 3-10　6-8 型非圆锥齿轮副实体模型 2
1-半轴齿轮；2-行星齿轮

3.2.2　6-8 型非圆锥齿轮副强度分析

对 6-8 型非圆锥齿轮副进行单件计算和接触计算，得到不同工况下的应力计算值，如表 3-2 所示。

表 3-2　不同工况下 6-8 型非圆锥齿轮副单件计算和接触计算应力汇总表

分 类			最大应力/MPa	应力位置
单件 计算	直线 前进	行星齿轮	869	齿根
			1010	齿顶
		半轴齿轮	344	齿根
			774	齿顶

续表

分类			最大应力/MPa	应力位置
单件 计算	直线 后退	行星齿轮	672	齿根
			1010	齿顶
		半轴齿轮	404	齿根
			909	齿顶
	转弯 行驶	半轴齿轮	461	齿根
			1380	齿顶
接触 计算	直线 前进	行星齿轮	586	齿根
			878	齿顶
		半轴齿轮	362	齿根
			652	齿顶
	转弯 行驶	行星齿轮	766	齿根
			1220	齿顶
		半轴齿轮	528	齿根
			950	齿顶

1. 单件计算结果分析

直线行驶时，行星齿轮所受应力比半轴齿轮大。齿根弯曲应力最大值为 869MPa，齿顶接触应力最大值为 1010MPa。

转弯行驶时，半轴齿轮所受应力比行星齿轮大。齿顶接触应力最大值为 1380MPa。

2. 接触计算结果分析

行星齿轮应力比半轴齿轮大。直线行驶时，齿根弯曲应力最大值为 586MPa，齿顶接触应力最大值为 878MPa。转弯行驶时，齿根弯曲应力最大值为 766MPa，齿顶接触应力最大值为 1220MPa。

3.3　9-9 型非圆锥齿轮副

3.3.1　9-9 型非圆锥齿轮副设计参数及模型

9-12 型和 6-8 型非圆锥齿轮副的行星齿轮尺寸太小，与半轴齿轮比例为 3∶4，在差速器外形一定的前提下，行星齿轮强度难有较大改善。为此设计了 9-9 型结构，采用 3 个行星齿轮与 2 个半轴齿轮啮合，行星齿轮用三叉轴支撑。行星齿轮与半轴齿轮的齿数相同，均为 9 齿。齿轮副转 1 圈，传动比变化 3 个周期(称为 3∶3 结构)。有限元分析结果表明,这种传动形式的最大应力减少了 40%,综合强度得到明显改善。图 3-11 为 9-9 型差速器总成结构示意图。

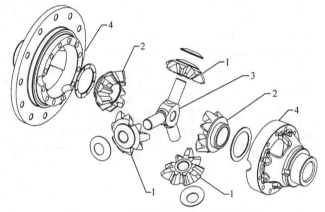

图 3-11　9-9 型差速器总成结构示意图

1-行星齿轮；2-半轴齿轮；3-三叉轴；4-壳体

传动比规律仍选用正弦形式:

$$i_{21} = 1 - c\sin(3\varphi_1) \tag{3-2}$$

取 $c = 0.3$ 时,差速器的理论锁紧系数 $K = \dfrac{1+c}{1-c} = 1.857$。

图 3-12 为 9-9 型非圆锥齿轮副球面节曲线示意图。由图可见,尽管行星齿轮与半轴齿轮的齿数相同,但是二者的节曲线形状并不一致,这也导致二者齿廓形状不一致,增加了模具设计与制造的难度和工作量。

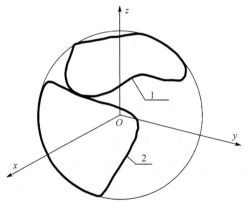

图 3-12　9-9 型非圆锥齿轮副球面节曲线示意图

1-行星齿轮；2-半轴齿轮

为此，进一步进行深入研究以寻求二者的一致性设计，得出下列符合一致性要求的传动比规律：

$$i_{12} = \frac{1 - 2k\cos(3\varphi_1) + k^2}{1 - k^2} \tag{3-3}$$

式中，k 为常数，差速器锁紧系数 $K = \left(\dfrac{1+k}{1-k}\right)^2$，若保持 $K = 1.857$ 不变，则可取 $k = 0.1535$。

图 3-13 显示了 9-9 型非圆锥齿轮副平面当量节曲线，可见两齿轮的当量节曲线完全相同。图 3-14 所示为 9-9 型非圆锥齿轮副的实体模型。

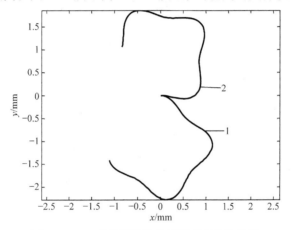

图 3-13　9-9 型非圆锥齿轮副平面当量节曲线
1-行星齿轮；2-半轴齿轮

(a) 平衡状态

(b) 极限状态

图 3-14　9-9 型非圆锥齿轮副实体模型

3.3.2　9-9 型非圆锥齿轮副强度分析

表 3-3 汇表了 9-9 型非圆锥齿轮副的计算结果。

表 3-3　9-9 型非圆锥齿轮副计算结果

分　类			最大应力/MPa	应力位置	备　　注
单件计算	直线前进	行星齿轮	424	齿根	
			548	齿顶	
		半轴齿轮	363	齿根	
			653	齿顶	
	直线后退	行星齿轮	434	齿根	
			558	齿顶	
		半轴齿轮	445	齿根	
			667	齿顶	
	转弯行驶	行星齿轮	601	齿根	
			1350	齿顶	存在应力集中现象，若不考虑应力集中现象，齿顶应力约为 900MPa
		半轴齿轮	831	齿根	
			1240	齿顶	存在应力集中现象，若不考虑应力集中现象，齿顶应力约为 900MPa

续表

分类			最大应力/MPa	应力位置	备　注
接触计算	直线行驶	行星齿轮	384	齿根	
			640	齿顶	
		半轴齿轮	281	齿根	
			633	齿顶	
	转弯行驶	行星齿轮	507	齿根	
			609	齿顶	
		半轴齿轮	403	齿根	
			605	齿顶	

1. 单件计算结果分析

直线行驶时，半轴齿轮齿根弯曲应力最大值为 445MPa，半轴齿轮齿顶接触应力最大值为 667MPa。转弯行驶时，半轴齿轮齿根弯曲应力最大值为831MPa，行星齿轮齿顶接触应力最大值为 1350MPa，其中包括边缘接触要求的应力集中。若不考虑应力集中现象，半轴齿轮和行星齿轮齿顶应力均在 900MPa 左右。

2. 接触计算结果分析

行星齿轮所受应力比半轴齿轮大。直线行驶时，行星齿轮齿根弯曲应力最大值为 384MPa，行星齿轮齿顶接触应力最大值为 640MPa。计算的最大应力位于行星齿轮轴受力部位，其值为1150MPa，为加载点误差引起的应力集中，可不予考虑。转弯行驶时，行星齿轮齿根弯曲应力最大值为507MPa，行星齿轮齿顶接触应力最大值为 609MPa。

3.4 9-18 型非圆锥齿轮副

3.4.1 9-18 型非圆锥齿轮副设计参数及模型

9-18 型是一种全新的结构型式，采用 2 个行星齿轮与 2 个半轴齿轮啮合，行星齿轮用一字轴支撑，对称安装。行星齿轮与半轴齿轮齿数之比为 1：2，行星齿轮转 1 圈为一个变化周期，半轴齿轮转 1 圈为两个变化周期。显然，这种传动形式的传动比变化周期已达极限，可以获得最大的传动比变化范围，从而获得更大的锁紧系数，进一步提高车辆的越野通过能力。图 3-15 为 9-18 型差速器总成结构示意图。

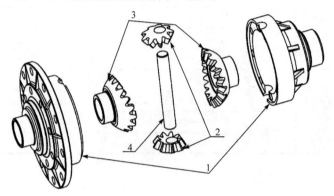

图 3-15　9-18 型差速器总成结构示意图
1-行星齿轮；2-半轴齿轮；3-壳体；4-行星齿轮轴

传动比规律如下：

$$i_{21} = \frac{z_1}{z_2}(1 - c\sin\varphi_1) \tag{3-4}$$

取 $c = 0.4$ 时，对应差速器的理论锁紧系数 $K = \dfrac{1+c}{1-c} = 2.33$。图 3-16 和图 3-17 分别为 9-18 型非圆锥齿轮副的节锥示意图与平面当量节曲线。

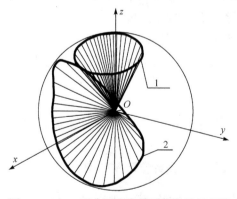

图 3-16　9-18 型非圆锥齿轮副的节锥示意图
1-行星齿轮；2-半轴齿轮

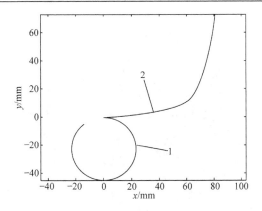

图 3-17　9-18 型非圆锥齿轮副的平面当量节曲线
1-行星齿轮；2-半轴齿轮

由于行星齿轮与半轴齿轮的比例为 1：2，尺寸更小，且只能安装 2 个行星齿轮，所以为了增加行星齿轮的强度，实践中，行星齿轮并没有通过一字轴支撑，而是通过其自身所带的轴柄安装于壳体上，且采用渐开线齿形，啮合性能优越。

台架试验和实车试验表明，这种型式的差速器能够表现出优良的限滑性能。9-18 型非圆锥齿轮副的实体模型和样件分别如图 3-18 和图 3-19 所示。

图 3-18　9-18 型非圆锥齿轮副实体模型

图 3-19　9-18 型非圆锥齿轮副样件

3.4.2　9-18 型非圆锥齿轮副强度分析

表 3-4 汇总了 9-18 型非圆锥齿轮副在不同工况下的应力计算结果。

表 3-4　不同工况下 9-18 型非圆锥齿轮副应力计算结果

分类			最大应力/MPa	应力位置
直线行驶	单件计算	半轴齿轮	580	齿根
		行星齿轮	814	节线处
	组合计算	半轴齿轮	842	节线处
		行星齿轮	988	节线处
	接触计算	半轴齿轮	848	节线处
		行星齿轮	824	节线处
转弯行驶	单件计算	半轴齿轮	698	齿根
		行星齿轮	917	节线处
	组合计算	半轴齿轮	904	节线处
		行星齿轮	848	节线处
	接触计算	半轴齿轮	707	节线处
		行星齿轮	888	节线处

(1) 直线行驶工况下，轮齿根部主要承受弯曲应力，节线处主要承受接触应力。

单件计算：半轴齿轮所受最大应力为 580MPa，行星齿轮所受最大应力为 1220MPa，在齿轮轴和齿轮体连接处，属于应力集中，可通过增大圆角半径来减小应力。排除应力集中影响，行星齿轮齿根处所受应力为 407MPa，行星齿轮节线处所受应力为 814MPa。

组合计算：若行星齿轮和半轴齿轮的模型没有倒角，则易引起应力集中现象。排除应力集中影响，半轴齿轮节线处所受应力为 842MPa，半轴齿轮齿根处所受应力为 421MPa。行星齿轮节线处所受应力为 988MPa，行星齿轮齿根处所受应力为 446MPa。

接触计算：半轴齿轮所受最大应力为 848MPa，位于齿轮节线处。行星齿轮所受最大应力为 824MPa，位于齿轮节线处。

(2) 转弯行驶工况下，轮齿受力不对称。轮齿根部主要承受弯曲应力，节线处主要承受接触应力。

单件计算：半轴齿轮所受最大应力 698MPa，位于轮齿根部。建模时，若在齿轮轴和齿轮体连接处没有圆角过渡，则易出现应力集中现象，故应该排除应力集中点。排除应力集中影响，行星齿轮齿根处所受应力为 459MPa，行星齿轮所受最大应力为 917MPa，位于齿轮节线处。

组合计算：由于行星齿轮和半轴齿轮模型没有倒角易引起应力集中，所以应当排除应力集中点。排除应力集中影响，半轴齿轮所受最大应力为 904MPa，位于齿轮节线处；轮齿根部所受最大应力为 452MPa。行星齿轮所受最大应力为 848MPa，位于齿轮节线处；轮齿根部所受应力为 424MPa。

接触计算：半轴齿轮所受最大应力为 707MPa，位于齿轮节线处。行星齿轮所受最大应力为 888MPa，位于齿轮节线处。

3.5 7-14 型非圆锥齿轮副

3.5.1 7-14 型非圆锥齿轮副设计参数及模型

为了增大轮齿的抗弯强度，在 9-18 型非圆锥齿轮副的基础上，设计了 7-14 型非圆锥齿轮副。其基本结构和传动比规律与 9-18 型一致，只是齿轮齿数更少，行星齿轮为 7 个齿，半轴齿轮为 14 个齿，齿厚更大。为了保持传动的连续性，渐开线已无法满足要求，齿形经过了特殊设计，有直线齿和弧线齿两种。针对 9-18 型非圆锥齿轮副半轴齿轮的最高轮齿变形较大的缺点，7-14 型非圆锥齿轮副将半轴齿轮各轮齿进行错位设计。为了提高行星齿轮强度，各轮齿之间设计了加强筋。图 3-20 所示为 7-14 型非圆锥齿轮副实体模型。

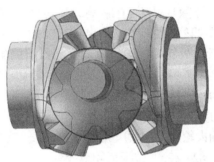

(a) 平衡状态

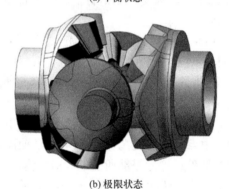

(b) 极限状态

图 3-20　7-14 型非圆锥齿轮副实体模型

3.5.2　7-14 型非圆锥齿轮副强度分析

7-14 型非圆锥齿轮副各工况下的计算结果汇总如表 3-5 所示。

表 3-5　7-14 型非圆锥齿轮副各工况下的计算结果

分　类			最大应力/MPa	备注
单件 计算	直线行驶	行星齿轮	1260	齿根
			1670	齿顶
		半轴齿轮	1170	齿根
			1460	齿顶

续表

分 类			最大应力/MPa	备注
单件计算	转弯行驶	行星齿轮	1220	齿根
			1700	齿顶
		半轴齿轮	1670	齿根
			2000	齿顶
接触计算	直线行驶	行星齿轮	437	齿根
			1310	轴根部
		半轴齿轮	278	齿根
			500	节线接触
	转弯行驶	行星齿轮	481	齿根
			641	节线接触
			1410	轴根部
		半轴齿轮	439	齿根
			564	节线接触

单件计算和接触计算的差别较大，单件计算的最大应力较大，是因为单件计算的边界条件未考虑各轮齿之间的接触摩擦作用，只考虑载荷由单个轮齿承受时的情况。实际上由于行星齿轮筋板的作用，前部强度加强，从而使轴部更为薄弱，载荷由薄弱部分承担，轴根部应力较大。采取的措施是稍微削弱筋板，加强轴根部力量。

3.6　9-18 型螺旋非圆锥齿轮副

3.6.1　9-18 型螺旋非圆锥齿轮副设计参数及模型

9-18 型螺旋非圆锥齿轮副是以 9-18 型非圆锥齿轮副为基础，对前述各型非圆锥齿轮副的继承、优化和创新。应用螺旋非圆锥齿轮副将明显改善越野车辆在恶劣路面上行驶时的通过性，提升车辆操作时的稳定性。图 3-21 所示为 9-18 型螺旋非圆锥齿轮副实体模型，图 3-22 所示为其样件。

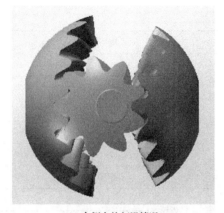

(a) 左侧车轮打滑情况

(b) 右侧车轮打滑情况

图 3-21　9-18 型螺旋非圆锥齿轮副实体模型

图 3-22　9-18 型螺旋非圆锥齿轮副样件

3.6.2　9-18 型螺旋非圆锥齿轮副强度分析

9-18 型螺旋非圆锥齿轮副的强度计算结果分别如表 3-6 和表 3-7 所示。

表 3-6　9-18 型螺旋非圆锥齿轮副单件计算数据

行驶工况		齿根最大弯曲应力/MPa	
		行星齿轮	半轴齿轮
转弯	左转弯	682.5	601.4
	右转弯	724.5	682.4
直线行驶	平衡位置 1	546.6	442.6
	平衡位置 2	503.8	476.3

表 3-7　9-18 型螺旋非圆锥齿轮副接触计算数据

行驶工况		齿顶最大接触应力/MPa		齿根最大弯曲应力/MPa	
		行星齿轮	半轴齿轮	行星齿轮	半轴齿轮
转弯	左转弯	926.4	842.6	701.3	685.4
	右转弯	1057.9	876.8	698.4	638.5
直线行驶	平衡位置 1	615.2	552.2	515.6	413.6
	平衡位置 2	606.5	574.7	452.8	431.3

由表 3-6 可知，直线行驶工况下，行星齿轮最大弯曲应力为 546.6MPa，半轴齿轮最大弯曲应力为 476.3MPa。转弯行驶工况下，行星齿轮最大弯曲应力为 724.5MPa，半轴齿轮最大弯曲应力为 682.4MPa。

由表 3-7 可知，直线行驶工况下，行星齿轮齿根最大弯曲应力为 515.6MPa，半轴齿轮齿根最大弯曲应力为 431.3MPa。转弯行驶工况下，行星齿轮齿根最大弯曲应力为 701.3MPa，半轴齿轮齿根最大弯曲应力为 685.4MPa。右转弯时，齿顶最大接触应力为 1057.9MPa。

3.7　9-12 型非圆面齿轮副

3.7.1　9-12 型非圆面齿轮副设计参数及模型

在限滑差速器中采用非圆面齿轮副，也是对前述各型直齿非圆锥齿轮副的创新和延伸。非圆面齿轮副可以在不改变差速器整体结构和尺寸的前提下增加齿轮副的强度和降低故障率，使传动更加平稳，可减小噪声和冲击，提升整车的使用性能。9-12 型非圆面齿轮副的工作原理和前述非圆锥齿轮副一样。图 3-23 所示为 9-12 型非圆面齿轮副的实体模型。

图 3-23 9-12 型非圆面齿轮副实体模型

3.7.2 9-12 型非圆面齿轮副强度分析

9-12 型非圆面齿轮副的强度计算结果分别如表 3-8 和表 3-9 所示。

表 3-8 9-12 型非圆面齿轮副单件计算数据

工况		行星齿轮最大应力/MPa	半轴齿轮最大应力/MPa
直线行驶	前进	353	330
	后退	549	422
转弯行驶	左转弯	436	226
	右转弯	631	627

表 3-9 9-12 型非圆面齿轮副接触计算数据

工况		最大弯曲应力/MPa	位置
直线行驶	前进	736	半轴齿轮齿面接触处
	后退	630	行星齿轮齿根处
转弯行驶		855	行星齿轮齿根处

  由表 3-8 可知，直线行驶工况下，行星齿轮最大应力为 549MPa，半轴齿轮最大应力为 422MPa。转弯行驶工况下，行星齿轮最大应力为 631MPa，半轴齿轮最大应力为 627MPa。

  由表 3-9 可知，直线行驶工况下，行星齿轮最大弯曲应力为 630MPa，半轴齿轮最大弯曲应力为 736MPa。转弯行驶工况下，行星齿轮齿根处所受应力最大，最大弯曲应力为 855MPa。

第4章 试制与试验

前已述及，与普通圆锥齿轮差速器相比，变速比限滑差速器采用了非圆锥齿轮传动副，而其他结构保持不变。因此，差速器的试制主要就是变速比非圆锥齿轮副的加工与装配。由于非圆锥齿轮副齿面复杂，且各齿不同，目前尚无成熟的精加工工艺与装备。对于越野车辆，差速器齿轮属于低速传动，在正常直线行驶时差速器壳体通过行星齿轮轴带着行星齿轮与半轴齿轮一起旋转，齿轮副之间没有相对运动，整个差速器相当于一个刚体；只有在转弯、打滑等左右车轮转速不一致的情况下，行星齿轮与半轴齿轮之间才有相互转动，即啮合传动，因此对传动副的精度要求并不太高，目前一般采用精锻或冷挤成形工艺，即先加工出模具，再采用精锻或冷挤工艺批量生产齿轮。采用这种技术，加工非圆锥齿轮与圆锥齿轮的工艺路线基本相同，其不同点主要在于模具型腔(或加工型腔用电极的)加工，模具型腔(或电极)一般在加工中心上采用球头铣刀按三维数字模型铣削成型，因而其难度也大致相当。但对于齿面几何精度要求较高的锥齿轮传动，如用于轿车等高级车辆的差速器等，加工技术问题就凸显出来了。另外，圆锥齿轮可以采用拉齿或磨齿等精加工工艺，但对于非圆锥齿轮，目前尚无精加工手段。

4.1 加工与检测技术

加工与检测技术是决定该差速器能否推广应用的关键，包括加工原理、加工方法、机床选择与改装、刀具设计与制造、非圆柱齿轮检测方法与标准、差速器综合性能检测与评价等。

对于如图2-49所示的双联非圆柱行星齿轮差速器结构，由于其均为直齿外齿轮，加工与检测要比原来的结构相对简单。课题组采用数控线切割技术完成了样机试制，把研究重点放在了非圆锥齿轮的加工与检测技术方面。

对于定速比圆锥齿轮副，常用的加工方法主要有刨齿和拉齿，由于变速比锥齿轮副各齿形状不一，用拉齿方法进行加工不可行，若用刨齿方法加工，则只能在数控刨齿机上实现。研制过程中，在三坐标数控铣床上采用球头铣刀进行了试加工。对于复杂曲面零件，数控铣削是一种简单易行的加工方法。一般不需要对机床进行改装，只需把求得的三维齿廓坐标输入数控系统，机床即可控制刀具完成加工所需的各种运动。将数铣加工出的样件装入壳体组成差速器，进行齿面啮合、锁紧系数检测等试验，根据发现的问题对设计进行有针对性的改进，并重新加工试制。显然，这种方法不涉及加工齿面的几何特征。

对于差速器所用的直齿锥齿轮，无论是圆锥齿轮还是非圆锥齿轮，其齿廓均为直齿、锥面，即只要给出某一球面齿形，将之与球心连线，即可得出整个齿面。根据这一特征，利用数控线切割机床加工此类直纹齿面在原理上可行，且操作方便。但采用线切割，需要解决两个技术难题，首先是锥度问题，目前商品化的线切割机床最大加工锥度仅为±30°，在锥度较大时，其误差很大，难以满足锥齿轮加工需要(本书设计的锥齿轮最大锥度为±60°)。其次是分度问题，由于非圆锥齿轮各齿不一致，所以无法直接分度加工。

因此，本书作者与协作单位密切合作，进行了长达一年的试验，开发了应用线切割方法加工非圆锥齿轮的技术与工艺，并成功研制出适应大锥度加工的分度夹具。该方法将锥齿轮的表面为直纹面这一几何特征与数控线切割机床的加工原理有机结合，基于研制的专用卡具，将齿轮毛坯斜置安装在线切割机床工作台上，对球面齿形数据进行技术处理，成功解决了大锥度齿轮加工及非圆锥齿轮分度的技术难题。图 4-1 所示为加工中心机床，图 4-2 所示为数控铣加工过程。

图 4-1　加工中心机床

图 4-2　数控铣加工过程

4.1.1　加工原理

图 4-3 所示为线切割机床，图 4-4 所示为利用线切割机床加工齿形的过程，可见夹具带有分度功能。加工中，工件静止不动，完成一个齿槽后进行分度，转过一个齿，进行下一个齿槽的加工。对于圆锥齿轮，由于其各齿一致，加工各齿槽时应用的数据及数控程序完全一样。对于非圆锥齿轮，由于其各齿不同，加工各齿槽所用数据及程序也各不相同，要对其数据进行处理。

图 4-3　线切割机床

图 4-4 线切割加工过程

4.1.2 数据处理

已知球面齿形坐标，为适应锥度线切割加工，必须给出上下加工平面坐标。对于非圆锥齿轮传动，δ_1、δ_2 将变成转角的函数，不再是定值。为使夹具设计和操作简单，工件芯轴倾角和分度角均按标准圆锥齿轮设计，对于本书实例，有

$$\begin{cases} \tan \delta_{10} = \dfrac{z_1}{z_2} \\[2mm] \tan \delta_{20} = \dfrac{z_2}{z_1} \end{cases} \tag{4-1}$$

按 δ_{10}、δ_{20} 设置初始位置(零位)，在该点，切割钼丝与节锥母线共线，上、下加工平面均与该母线垂直，齿槽齿廓与加工平面的交线即编程所需的曲线，可按如下方式得出。

1. 截平面方程

下面以加工平面为例，建立如图 4-5 所示的坐标系，通过点 (x_1, y_1, z_1)、(x_2, y_2, z_2) 与 y 轴平行的平面可表示为

$$\begin{vmatrix} x - x_1 & y - y_1 & z - z_1 \\ x_2 - x_1 & y_2 - y_1 & z_2 - z_1 \\ m & n & l \end{vmatrix} = 0 \tag{4-2}$$

对于本书实例，有

$$\begin{cases} x_1 = \dfrac{R}{\sin\delta_0}, \quad y_1 = 0, \quad z_1 = 0 \\[2mm] x_2 = 0, \quad y_2 = 0, \quad z_2 = -\dfrac{R}{\cos\delta_0} \\[2mm] m = 1, \quad n = 0, \quad l = 0 \end{cases} \tag{4-3}$$

式中，R 为锥顶点(球心)到截平面的距离，$\delta_0 = \delta_{10}$ 或 δ_{20}。

代入式(4-2)得

$$z = \left(x - \frac{R}{\sin\delta_0} \right) \tan\delta_0 \tag{4-4}$$

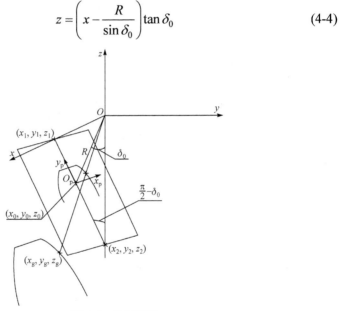

图 4-5　坐标变换

2. 交线方程

通过 (x_1', y_1', z_1')、(x_2', y_2', z_2') 两点的直线可表示为

$$\frac{x' - x_1'}{x_2' - x_1'} = \frac{y' - y_1'}{y_2' - y_1'} = \frac{z' - z_1'}{z_2' - z_1'} \tag{4-5}$$

对于本书实例，$x_1' = y_1' = z_1' = 0$ 为球心即坐标原点；$x_2' = x_g$，$y_2' = y_g$，$z_2' = z_g$ 为三维齿形点。代入式(4-5)可得

$$\frac{x}{x_g} = \frac{y}{y_g} = \frac{z}{z_g} \tag{4-6}$$

联立方程(4-5)和(4-6)即可求出上述直线与平面的交点，即齿廓面直母线与加

工平面的交点：

$$
\begin{cases}
x = \dfrac{x_g}{z_g} z \\[2mm]
y = \dfrac{y_g}{z_g} z \\[2mm]
z = \dfrac{R}{\cos\delta_0} \Big/ \left(\dfrac{x_g}{z_g} \tan\delta_0 - 1 \right)
\end{cases}
\tag{4-7}
$$

3. 编程曲线方程

在截平面坐标系中，该点坐标为

$$
\begin{cases}
x_p = y \\[2mm]
y_p = \sqrt{(x - x_0)^2 + (z - z_0)^2}
\end{cases}
\tag{4-8}
$$

式中，(x_0, y_0, z_0) 为截平面坐标原点(该点为标准圆锥齿轮节圆与截平面的切点)，有

$$
\begin{cases}
x_0 = R\sin\delta_0 \\
y_0 = 0 \\
z_0 = R\cos\delta_0
\end{cases}
\tag{4-9}
$$

式(4-8)为所求下加工平面齿形曲线。上加工平面齿形曲线可同理求出。显然，上、下加工平面齿形曲线相似，求出一条后，另一条可按比例直接给出。

4.1.3　试验结果与分析

按照上述原理完成夹具设计与制造，编写线切割程序，并进行样件加工试验，试验在北京迪蒙恒达机电技术有限公司生产的 BDK7725 电火花线切割机床上进行。非圆锥齿轮样件的加工过程如图 4-4 所示，非圆锥齿轮样件如图 4-6 所示。

对加工的非圆锥锥齿轮样件进行检测，分别为齿面三坐标测量、齿轮副传动检测，如图 4-7 和图 4-8 所示，图 4-9 为根据三坐标测量结果拟合的齿形曲线图。将其与在加工中心上采用球头铣刀加工出的同类齿轮进行对比试验，结果表明，提出的线切割加工原理与方法是正确的，达到了预期目标。

图 4-6 非圆锥齿轮样件

图 4-7 齿面三坐标测量

图 4-8 齿轮副传动检测

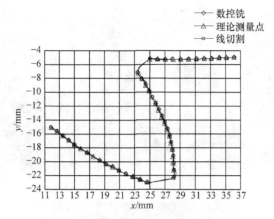

图 4-9　测量结果对比图

需要特别指出的是，由于加工原理模拟齿面的形成过程，即从球心引出一条直线，令其端点沿着球面齿形线运动，直线在球内空间形成齿廓面，所以必须保证任何时候钼丝均应通过圆锥顶点。试验结果也表明，加工精度对该点误差极为敏感。另外，由于圆锥顶点是一个假想点，在夹具上并不真实存在，所以若要加工出精确的齿廓形状，必须采取必要措施将这个假想的锥顶点准确定位。

在试制所得齿轮样件的基础上，进一步采用线切割工艺加工出铜电极，利用电极加工模具，最终采用精密锻造或冷挤压方法与技术实现大批量生产。采用的齿轮冷挤压加工机床如图 4-10 所示。

图 4-10　齿轮冷挤压加工机床

4.2　性　能　试　验

本节以某型越野车辆为应用对象，按照该车的定型试验要求，对新型差速器样机进行台架试验和实际装车试验。

本书作者在新型差速器的检验、验证方面进行了较为系统、深入的研究与探索，并与有关公司、大学和研究所等单位进行了多次交流，共同制定试验大纲；委托某大学及研究所开发了差速器综合性能试验台、锥齿轮传动检测仪，进行了差速器的综合性能试验、寿命试验等，对配备新型差速器的汽车进行了牵引力试验、操纵稳定性试验、3 万 km 路程试验等。

4.2.1　台架试验

台架试验主要检测差速器本身的性能指标，着重模拟如下 5 种工况进行试验：①低转速、大输入转矩工况；②良好路面直线行驶工况；③低速转弯行驶工况；④高速转弯行驶工况；⑤低附着系数行驶工况。

图 4-11 显示了台架试验的现场情况。

图 4-11　台架试验

4.2.2 实际装车试验

实际装车试验主要考核新型差速器对车辆牵引力、通过性、操纵稳定性、平顺性等的影响。将装有新型差速器的轻型越野车在某试验场进行了相关试验。

实际装车试验是检验、验证新型变速比差速器性能的有效手段。对于变速比差速器性能的测试，目前国内尚无成熟的试验方法与手段，也没有标准与规范。一般只能静态测试其变速比与锁紧系数，实际装车试验也只能通过整车性能测试间接反映差速器的性能，无法对差速器本身进行系统试验。

图 4-12～图 4-14 是实际装车试验的相关照片。

图 4-12　牵引力试验

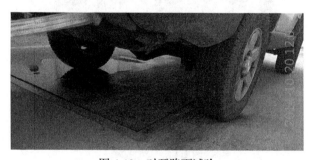

图 4-13　对开路面试验

图 4-14　3 万 km 路程试验

4.2.3 试验结果及分析

通过对上述试验结果进行计算及分析，可以得出如下结论。

(1) 台架工况模拟试验结果表明，各工况下限滑差速器的锁紧系数为 1.35～2.35。

(2) 整车操纵稳定性对比试验结果表明，变传动比差速器没有降低车辆的操纵稳定性。

(3) 整车牵引力对比试验结果表明装备变传动比差速器的车辆的牵引力均值与装备标准差速器的车辆相比没有明显差别，但是装备变传动比差速器车辆的峰值牵引力比装备标准差速器的车辆提高了 30%～35%，谷值牵引力比装备标准差速器的车辆降低了 30%～35%。

(4) 整车加速性能对比试验结果表明，变传动比差速器没有降低车辆的加速能力。

第5章　总结与展望

5.1　总　　结

作为限滑差速器的一种，变速比差速器结构简单、通用性好、工作可靠、创新性强，已在越野车辆上获得成功应用，并充分显示了其优良的越野通过性能。

本书是对作者变速比限滑差速技术多年研究工作的总结，主要讨论了变速比限滑差速器的结构原理、技术性能指标、传动比规律、设计与分析方法、强度计算、加工技术、试制与试验、系列产品开发等，基本包括了整个工艺流程。取得的学术与技术成果主要如下：

(1) 提出了一种非圆锥齿轮传动设计新理论——基于保测地曲率映射的原理与方法，解决了球面曲线与平面曲线之间的映射和反映射问题。本书将保测地曲率映射原理用于非圆锥齿轮的传动设计领域，建立了球面与平面之间的一一对应关系。这是本书提出的原创性理论，也是整个研究工作的基础、核心与技术手段。

基于保测地曲率映射的非圆锥齿轮传动设计理论既适用于圆锥齿轮传动，又适用于非圆锥齿轮传动。齿轮齿形也不仅限于渐开线，具有普适性。应用该理论，可以把复杂的空间问题平面化，从而为非圆锥齿轮的设计与制造提供一种简单实用的技术路线。

(2) 发明了一种全新的变速比限滑差速器，实现了产品的系列化设计，解决了普通圆锥齿轮差速器"差速不差扭"的技术难题。其结构与普通圆锥齿轮差速器的差异在于行星齿轮和半轴齿轮均采用了非圆锥齿轮，依靠非圆锥齿轮副传动的变速比效应进行自动调整，使得两半轴上的输出扭矩不再平均分配，且突破了周节限制，增大了差速器的锁紧系数。其中，十字轴式差速器理论值和实测值分别达到了1.857和2.5～3，一字轴式差速器理论值和实测值分别达到了2.33和3～4，三叉轴式差速器与十字轴式差速器相当，理论值和实测值也分别达到了1.857和2.5～3，实现了限滑功能。

应用该变速比限滑差速器，不必改变驱动桥的整体结构，有时甚至不用改变差速器的壳体结构，仅仅改变齿轮副的齿数和齿形，将原来的定速比圆锥齿轮副变成变速比非圆锥齿轮副，即可实现变速比限滑功能，适用性强，适用面广。

(3) 运用数控线切割技术，研制了适应大锥度齿轮加工的分度夹具，解决了大锥度非圆锥齿轮加工的技术难题。该方法将锥齿轮的表面为直纹面这一几何特征与数控线切割的加工原理巧妙结合，基于研制的专用夹具，将非圆锥齿轮毛坯斜置安装在线切割机床的工作台上，对球面齿形数据进行技术处理，成功解决了大锥度齿轮加工(最大锥度为 ± 60°)及非圆锥齿轮分度的技术难题，实现了大锥度齿轮加工的工艺创新。

(4) 研制了适用于军用轻型越野车辆的变速比限滑差速器系列产品，解决了越野车辆在崎岖、泥泞等恶劣战场环境下车轮打滑、通过性差等问题。

以某型军用越野车辆为应用对象，按照该车的定型试验要求，对新型差速器样机及产品进行了台架试验与实车试验，达到了预期效果。目前，该差速器已随车批量生产装备部队。

(5) 基于变速比限滑差速器的基本原理，设计了分动器非圆柱行星齿轮差速器的概念模型，研制了一种双联非圆柱行星齿轮差速器样机，提出了一种针对越野车辆轴间扭矩等分问题的解决方案。这是一种全新的轴间非圆柱行星齿轮差速器，可以依靠传动的变速比效应自动调整输出轴的转矩分配。

5.2　展　　望

本书中有些理论和技术还不太成熟，仍处于探索与发展之中，加上作者学术水平有限，有很多问题尚未解决，需要进行后续的研究。

(1) 仅仅研制出了非圆柱行星齿轮限滑差速器的原理样机，尚需针对具体车型进行检验与验证。

(2) 非圆锥齿轮限滑差速器虽然实现了产业化，但应用不够广泛，尚需加大工作力度。

(3) 试验与实践中发现的许多问题，如齿轮强度偏弱等，还需要从材料、工艺等方面进一步改进。此外，如果能与轿车总体结构设计结合起来考虑，将可能带来较大的改善空间。

(4) 非圆锥齿轮齿面的精加工问题将是下一步的研究重点，若能实现磨削，则可向轿车领域推广。

(5) 变速比限滑差速器与自动传动管理(automatic drive-train management, ADM)技术等其他技术集成，也是有价值的研究方向。

参 考 文 献

陈雨青. 2016. 变速比限滑差速器螺旋非圆锥齿轮啮合理论及试验研究[D]. 天津: 中国人民解放军陆军军事交通学院.

龚海. 2012. 正交非圆面齿轮副的传动设计与特性分析[D]. 重庆: 重庆大学.

胡淼, 杨勋年. 2005. 保测地曲率的曲面曲线设计[J]. 计算机辅助设计与图形学学报, 17(5): 981-985.

贾巨民, 高波. 2008. 越野汽车分动器非圆行星差速器概念模型[J]. 中国机械工程, 19(24): 3003-3005.

贾巨民, 高波. 2012. 越野汽车双联非圆行星齿轮差速器的研究[J]. 中国机械工程, 23(3): 346-348.

贾巨民, 高波, 冯仁余. 2003a. 一种非圆锥齿轮副传动的啮合分析方法[J]. 机械设计, 10: 80-81.

贾巨民, 高波, 乔永卫. 2003b. 越野汽车变传动比差速器的研究[J]. 汽车工程, 25(5): 498-500.

贾巨民, 高波, 赵德龙. 2008. 基于保测地曲率映射的非圆锥齿轮传动设计分析方法[J]. 机械工程学报, 44(4): 53-57.

贾巨民, 高波, 索文莉, 等. 2012a. 越野汽车新型变速比差速器的研究[J]. 中国机械工程, 23(23): 2844-2847.

贾巨民, 周鑫, 李龙, 等. 2012b. 变传动比限滑差速器模拟仿真与试验研究[J]. 军事交通学院学报, 14(8): 42-44.

贾巨民, 赵伟, 高波. 2014. 越野汽车分动器非圆行星齿轮差速器的节曲线设计[J]. 军事交通学院学报, 16(2): 43-46.

贾巨民, 张学玲, 高波. 2016. 变转矩限滑差速器非圆锥齿轮结构强度分析[J]. 机械设计, 33(4): 54-59.

姜虹, 王小椿. 2007. 三周节变传动比限滑差速器设计与试验[J]. 农业机械学报, 38(4): 31-34.

李福生, 等. 1983. 非圆齿轮与特种齿轮传动设计[M]. 北京: 机械工业出版社.

李建生. 1994. 非圆行星齿轮液压马达的设计研究[D]. 哈尔滨: 哈尔滨工业大学.

李龙, 贾巨民, 段秀兵, 等. 2011. 基于 Pro/E 的变传动比限滑差速器非圆锥齿轮参数化建模与有限元分析[J]. 军事交通学院学报, 13(11): 73-77.

李文长, 贾巨民, 张学玲. 2016. 非圆锥齿轮的设计及运动学仿真[J]. 军事交通学院学报, 18(7): 91-95.

梁栋. 2015. 共轭曲线齿轮啮合理论研究[D]. 重庆: 重庆大学.

林超, 侯玉杰, 龚海, 等. 2011. 高阶变性椭圆锥齿轮传动模式设计与分析[J]. 机械工程学报, 47(13):131-139.

刘惟信. 2004. 汽车车桥设计[M]. 北京: 清华大学出版社.

刘永骏. 2011. 基于共轭包络理论的齿面加工模拟与仿真研究[D]. 上海: 华东理工大学.

谭晓明. 2017. 十字轴式限滑差速器非圆面齿轮副设计与检测[D]. 天津: 中国人民解放军陆军军事交通学院.

王德伦, 刘健, 肖大准. 1998. 机构运动几何学的统一曲率理论[J]. 中国科学: E 辑, 28(1): 69-75.

王小椿, 吴序堂, 彭炜. 1990. 高性能变传动比差速器的研究[J]. 西安交通大学学报, 24(2):1-8.

吴大任. 1982. 微分几何讲义[M]. 北京: 人民教育出版社.

吴序堂. 1982. 齿轮啮合原理[M]. 北京: 机械工业出版社.

吴序堂, 王贵海. 1997. 非圆齿轮及非匀速比传动[M]. 北京: 机械工业出版社.

夏继强, 耿春明, 宋江滨, 等. 2006. 变传动比相交轴直齿锥齿轮副几何设计方法[P]: 中国, 200410009582.6.

许爱芬, 贾巨民, 陈雨青. 2017a. 螺旋非圆锥齿轮齿面节线数学模型的构建[J]. 军事交通学院学报, 19(3): 87-90.

许爱芬, 贾巨民, 陈雨青. 2017b. 螺旋非圆锥齿轮齿面设计及运动仿真研究[J]. 机械传动, 41(8): 128-132.

张家瑞. 2010. 汽车构造(下册) [M]. 3 版. 北京: 机械工业出版社.

张学玲, 贾巨民, 柴树峰. 2014. 越野车双联非圆行星齿轮差速器的设计[J]. 机械传动, 23(11): 60-63.

张英锋. 2017. 军用车辆底盘构造[M]. 北京: 兵器工业出版社.

郑方焱, 陈定方, 刘有源, 等. 2013. 一种非圆锥齿轮齿廓的通用算法[J]. 机械传动, 37(5): 32-45.

郑方焱, 李波, 吴俊峰, 等. 2014. 斜齿非圆锥齿轮的数学模型与实例分析[J]. 机械设计, 11: 41-45.

《汽车工程手册》编辑委员会. 2002. 汽车工程手册[M]. 北京: 人民交通出版社.

Al-Sabech A K. 1991. Irregular gears for cyclic speed variation[J]. Mechanism & Machine Theory, 26(2): 171-183.

Jia J M, Gao B, Zhao D L. 2006. A novel methodology for noncircular bevel gearing[C]. International Conference on Mechanical Transmissions: 114-118.

Litvin F L. 1994. Gear Geometry and Applied Theory[M]. Englewood: Prentice-Hall.

Litvin F L, Gonzalez-Perez I, Fuentes A, et al. 2008. Design and investigation of gear drives with non-circular gears applied for speed variation and generation of functions[J]. Computer Methods in Applied Mechanics and Engineering, 197: 3783-3802.

Xia J Q, Liu Y Y, Gen C M, et al. 2008. Noncircular bevel gear transmission with intersecting axes[J]. Transaction of the ASME, 130(5):1-6.